高职高专"十二五"规划教材

钒制品生产技术

主编 刘韶华

北 京

冶 金 工 业 出 版 社

2015

内 容 提 要

本书基于项目化的教学方式共分 5 个项目，分别介绍了钒、钒的化合物等基础知识，钒渣的生产，钒氧化物的生产，金属钒及其合金的生产。

本书可作高职高专院校冶金技术等专业的教学用书及钒钛相关企业职工培训用书，也可供钒钛行业的从业人员阅读参考。

图书在版编目（CIP）数据

钒制品生产技术/刘韶华主编 . —北京：冶金工业出版社，2015.7

高职高专"十二五"规划教材

ISBN 978-7-5024-6990-0

Ⅰ. ①钒… Ⅱ. ①刘… Ⅲ. ①钒—有色金属冶金—高等职业教育—教材 Ⅳ. ①TF841.3

中国版本图书馆 CIP 数据核字（2015）第 154978 号

出 版 人 谭学余

地　　址　北京市东城区嵩祝院北巷 39 号　邮编　100009　电话　(010)64027926

网　　址　www. cnmip. com. cn　电子信箱　yjcbs@ cnmip. com. cn

责任编辑　俞跃春　廖　丹　美术编辑　吕欣童　版式设计　孙跃红

责任校对　卿文春　责任印制　李玉山

ISBN 978-7-5024-6990-0

冶金工业出版社出版发行；各地新华书店经销；固安华明印业有限公司印刷

2015 年 7 月第 1 版，2015 年 7 月第 1 次印刷

787mm×1092mm　1/16；11.25 印张；272 千字；172 页

25.00 元

冶金工业出版社　投稿电话　(010)64027932　投稿信箱　tougao@ cnmip. com. cn

冶金工业出版社营销中心　电话　(010)64044283　传真　(010)64027893

冶金书店　地址　北京市东四西大街 46 号(100010)　电话　(010)65289081(兼传真)

冶金工业出版社天猫旗舰店　yjgycbs. tmall. com

（本书如有印装质量问题，本社营销中心负责退换）

前　言

　　"钒制品生产技术"是高职高专院校冶金技术专业的一门专业技术课程，是培养适应现代化钒钛钢铁高端技能型专门人才课程体系的重要组成部分。本书从职业活动分析出发，以职业岗位需求为目标，以实际工作过程和职业能力培养为主线，以学生认知规律为突破口，在学习过程与工作过程相结合、理论学习与实践训练相结合、课堂教学与课外自学相结合的理念指导下，基于"项目导向、任务驱动"的项目化教学方式编写而成。本书的结构与内容力求体现"课程建设合作化、教学内容职业化、教学做一体化"的课程设计原则，充分体现职业教育的可拓展性、职业性、实践性、开放性。全书共分 5 个项目，主要内容包括认识"钒"、认识"钒的化合物"、钒渣的生产、钒氧化物的生产、金属钒及其合金的生产几个方面，在使用本书时可根据教学目标和要求对内容进行取舍。

　　本书尝试使用简明扼要、深入浅出的文字使晦涩难懂的理论知识和繁复的生产工艺变得通俗易懂。本书可作高职高专冶金技术等专业的教学用书及钒钛相关企业职工培训用书，也可供钒钛行业的从业人员阅读参考。

　　本书为校企合作共同编写的教材，由刘韶华主编，其中项目 1 由四川机电职业技术学院蒋和平和攀钢集团研究院有限公司伍珍秀编写；项目 2 由四川机电职业技术学院黄兰粉、王勇编写；项目 3 由四川机电职业技术学院夏玉红编写；项目 4 由四川机电职业技术学院刘韶华编写；项目 5 由四川机电职业技术学院刘韶华、夏玉红编写。在本书编写过程中，攀钢集团钒业有限公司提供了大量的资料和技术支持，在此表示诚挚的感谢！此外，本书编写过程中参阅了大量国内外的文献资料，部分参考文献在书末没有一一列出，恩请文献作者及读者原谅，在此向所有文献资料的作者致以衷心的感谢！

　　由于成书仓促，再加上编者经验不足、水平有限，书中的不足之处敬请专家和读者批评指正。

编　者

2015 年 3 月

目　录

项目 1 认识"钒"

任务 1.1 钒的发现之旅

【学习目标】

(1) 了解钒的发现历程；
(2) 了解世界钒的发展历史及我国钒的发展历史。

【任务描述】

钒素来有"工业的味精"之称，是一种重要的战略资源，广泛应用在钢铁、航天、化工、新型能源等领域。本任务主要介绍钒的发展历程。

1.1.1 世界钒的发展历程

世界钒的发展从 1830 年发现钒到实现钒的工业化生产经历了以下几个阶段：

第一个阶段：发现钒。1801 年，墨西哥矿物学家德尔·里奥在研究基马潘铅矿时，发现一种化学性质与铬、铀相似的新元素，由于它的盐类在酸中加热时呈红色，故命名为红色素。1830 年，瑞典化学家尼尔斯·格·塞夫斯特姆用瑞典塔饱附近出产的矿石炼生铁时，分离出一种新元素，尼尔斯·格·塞夫斯特姆因这种元素的化合物具有绚丽的颜色，以希腊神话中美丽女神娃娜迪斯（Vanadis）的名字给其命名为钒（Vanadium）。同年，德国化学家沃勒尔（F. Wöhler）证明，Vanadium 与早期德尔·里奥发现的红色素是同一种元素——钒。

1834 年，在俄国别列召夫斯克矿山的铅矿中发现了钒。1839 年，在俄罗斯的彼尔姆斯克的含铜砂岩中也发现了钒。1840 年，俄罗斯矿物工程师苏宾写道："含铜生铁、黑铜、铜锭是含钒合金，由于钒的存在，使它们具有较高的硬度。"

第二个阶段：金属钒的制取。1867 年，英国化学家罗斯科用氢还原氯化钒（VCl_3）首次制得金属钒。同时，他在研究英国西部的铜矿时，制备了 V_2O_5，V_2O_3，VO，$VOCl_3$，$VOCl_2$，VOCl 等钒化合物。

第三个阶段：钒铁合金制取。在 19 世纪末 20 世纪初，俄罗斯开始利用碳还原法还原铁和钒氧化物首次制造出钒铁合金（$w(V) = 35\% \sim 40\%$）。1902 ~ 1903 年俄罗斯进行了铝热法制取钒铁的试验。

第四个阶段：可锻性金属钒的制取。1927 年，美国的马登和里奇用金属钙还原五氧化二钒第一次制得了 $w(V) = 99.3\% \sim 99.8\%$ 的可锻性金属钒。19 世纪末，研究发现了钒在钢中能显著改善钢材的力学性能后，钒在工业上才得到广泛应用。至 20 世纪初人们开始大量开采钒矿。

1934 年，苏联在丘索夫冶金厂着手建设提钒车间，1936 年投产。该车间采用了现行的高炉—转炉—回转窑—电炉流程，生产含钒铁水、钒渣、五氧化二钒和钒铁。

1938 年德国采用 Von Seth 方法生产钒渣。从 1957 年起，南非矿物工程公司采用焙烧浸取法由钒渣生产偏钒酸铵和五氧化二钒。1967 年，海威尔德公司采用火法冶金从含钒钛磁铁矿中大规模生产钒渣，从而促进了现代钒化合物生产的发展。

目前全球钒渣、氧化钒、钒铁的主要产地是南非、中国、俄罗斯、美国、澳大利亚、新西兰和日本七国。

1.1.2　我国钒的发展历程

我国钒工业的崛起主要得益于攀枝花钒钛磁铁矿的开发利用。随着 1972 年攀钢（攀枝花钢铁集团有限公司）雾化提钒投产，中国钒从无到有，从 1980 年开始由一个钒的进口国，变成钒的出口大国。我国钒的发展经历了发现含钒矿物、钒冶炼的实验探索、钒冶炼的快速发展几个阶段。

（1）发现含钒矿物阶段：

1936 年常隆庆、殷学忠到攀枝花倒马坎地区进行地质调查，在《宁属七县地质矿产》一文中提出"故盐边系中有山金及磁铁矿、赤铁矿等"，首次发现攀枝花地区蕴藏有大量钒钛磁铁矿。

1937 年发现河北承德铁矿中含有钒。

1955 年发现马鞍山磁铁矿中含有钒。

（2）钒冶炼的实验探索阶段：

1942 年日本帝国主义为了抢夺中国的钒资源，在锦州建立了"制铁所"生产钒铁。1943 年 5 月生产出第一炉钒铁。

1958 年 9 月 4 日在马钢铁合金厂，利用承德含钒铁精矿为原料，沉淀出第一罐 V_2O_5，10 月 20 日炼出了新中国第一炉钒铁（含钒 35%）。

1958 年锦州铁合金厂研制出金属钒。

20 世纪 60 年代，进行氧气顶吹转炉吹钒试验和利用钒渣生产五氧化二钒。

1960 年建成上海第二冶炼提钒车间，生产 V_2O_5。

1965 年先后在马钢建成 8t、在承钢建成 10t 侧吹提钒转炉生产钒渣，从此结束了我国用钒精矿生产五氧化二钒的历史。

1966 年攀枝花钢铁研究院等单位在首钢进行了雾化提钒小型试验。

（3）钒冶炼的快速发展阶段：

1972 年锦州铁合金厂可生产 99.9% 品位的金属钒。

1978 年在攀钢建成雾化提钒车间，进行钒渣生产。

1979 年锦州铁合金厂开发了品位 55%~60% 钒铁和含钒 40%~80% 的钒铝合金。

1980 年开始出口钒渣（3208t）、V_2O_5（1014t）、钒铁（1882t）。从此我国从钒进口国变成钒出口国。

1987 年承德钢铁厂和马钢将原有提钒转炉扩建到 20t，每座转炉年产钒渣都可达到 2 万吨以上。

1984 年攀枝花钢铁研究院开发出钒渣一次焙烧水浸提钒技术，并在国内推广，获得国家发明专利。

1994 年攀钢开发了用煤气还原多钒酸铵制取 V_2O_3 的技术，在西昌分公司进行了半工业试验，取得了成功并获得了国家发明专利。

1995 年攀钢将雾化提钒改为转炉提钒，建成并投产了两座 120t 提钒转炉，设计能力为年产 11 万吨钒渣。

1998 年攀钢与东北大学合作开发了氮化钒产品，并获得了国家发明专利。

1998 年中国工程物理研究院（绵阳九院）研制成功我国第一组 1kW 的全钒氧化还原电池。

2000 年攀钢开始进行二步法冶炼钒铝中间合金的试验。

2004 年攀钢建成了设计能力为年产 2000t 氮化钒的生产车间。

2009 年，攀枝花新高新技术产业园区建设了一座采用昆明理工大学技术的氮化钒工厂。

2010 年，眉山青神建设了一座采用攀钢技术的氮化钒工厂。

近年来，我国钒的发展速度极快，已经成为世界上主要的产钒大国之一。但发展的脚步没有停止，众多科学家、工程师等相关行业工作者依旧在挥洒着心血和汗水，为钒冶炼的发展贡献着辛劳和智慧。我国钒的冶炼和应用一定会得到更快更好的发展。

任务 1.2　钒资源的分布情况

【学习目标】

（1）了解钒的主要矿物资源；

（2）了解钒资源在世界上的分布情况。

【任务描述】

钒在自然界中分布很广，主要和金属矿如铁、钛、铀、钼、铜、铅、锌、铝等矿共生，或与碳质矿、磷矿共生。要将钒提炼出来并加以应用，就必须先了解钒的矿物资源情况。本任务主要介绍主要的含钒矿物及其分布情况。

1.2.1　含钒矿物

钒的踪迹遍布全世界，约占地壳质量的 0.02%，比铜、锡、锌、镍的含量都多，但其分布十分分散，在海胆等海洋生物体内，在磁铁矿石中，在沥青矿物和煤灰中，在落到地上的陨石和太阳的光谱线中，人们都发现了钒的踪影。因此，钒很难形成独立的矿床，通常跟铁、钛、铀、铅、铜等金属伴生，或与碳质矿、磷矿共生。含钒矿物种类繁多，世界上含钒矿物多达 70 多种，其中主要有绿硫钒矿、钒铅矿、硫钒铜矿、钾钒铀矿、钒云母、钒钛磁铁矿等，但只有少数矿物具有开采价值，目前已知的钒储量有 98% 产于钒钛磁铁矿。除钒钛磁铁矿外，钒资源还部分赋存于磷块岩矿，含铀砂岩，粉砂岩，铝土矿，含碳质的原油、煤、油页岩及沥青砂中。

目前最具有开发价值的钒矿主要有以下几种:

(1) 钒钛磁铁矿。矿物呈黑灰色,如图 1-1 所示。产于南非、前苏联、新西兰、中国、加拿大、印度等国家和地区。钒钛磁铁矿中的钒主要以 $FeO \cdot V_2O_3$ 尖晶石形态存在,矿中含钒 0.2%~1.5%,是世界上分布最广的含钒矿物,也是目前世界上生产钒的最主要的工业原料。除美国从钾钒铀矿中提钒外,其他主要产钒国家和地区都从钒钛磁铁矿中提取钒,如南非的布什维尔德、芬兰的奥坦梅基以及木斯塔瓦拉矿层、挪威的罗得萨德、智利的爱尔罗曼诺尔、前苏联的乌拉尔和库什沃哥尔斯克以及中国的攀枝花等。

(2) 钾钒铀矿。钾钒铀矿是一种钾铀的钒酸络盐,它的化学式为 $2K_2O \cdot 2UO_3 \cdot V_2O_5 \cdot$ (1~3)H_2O,呈浅黄色或浅绿黄色,含 $V_2O_5$20.16%。美国等地是这种矿物的主要产地,在提铀时可制得 V_2O_5。

(3) 碳质页岩(即石煤,如图 1-2 所示)。这是一种储量大、分布广、结构复杂的矿物,含 0.1%~1.5% 的 V_2O_5。钒的品位与地质年代和矿化条件有关,含碳较高的矿层钒含量较高。

图 1-1　钒钛磁铁矿

图 1-2　石煤

此外,在钒的矿物中,具有开发意义的矿物还有以下几种:

(1) 钒云母。矿物呈黄色,主要产于美国。这是一种复杂的硅铝酸盐,在纯矿物中含 16% 的 V_2O_5,在矿石中含 1%~3% 的 V_2O_5。

(2) 复合金属矿。复合金属矿包括钒铅矿(红棕)、钒铅锌矿(樱红)、钾钒铀矿(黄色)等,含钒铝土矿也属于这类矿床的变种。复合金属矿由于成分不同而呈现出多种绚丽的色彩。美国科罗拉多高原等地是这种矿物的主要产地,墨西哥、纳米比亚也有分布。

(3) 磷酸盐矿。在某些磷酸盐岩和磷酸盐页岩中含有少量的钒、氟、铀、硒等,含低于 1% 的 V_2O_5。矿藏主要分布在美国和俄罗斯。

(4) 石油伴生矿。这种矿寄生在原油中,中美洲国家拥有大量的石油伴生矿。1t 原油中含 20~150g V_2O_5,甚至高达 300~400g V_2O_5。这种资源已日益显示出其重要性。

1.2.2　世界钒资源概况

钒矿的分布虽然广泛但相对比较集中,主要蕴藏在中国、俄罗斯、南非、澳大利亚西部和新西兰的钛铁磁铁矿中,委内瑞拉、加拿大阿尔伯托、中东和澳大利亚昆士兰的油类矿藏中，以及美国（1%）的钒矿石和黏土矿中。根据 2013 年的统计数据，世界钒资源总量如图 1-3 所示。钒在钛铁磁铁矿中的蕴藏量最大，V_2O_5 含量可达 1.8%；其次是在油类矿藏中。

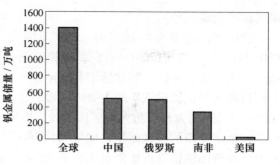

图 1-3　世界钒资源分布情况

全球钒资源的 98% 来自于钒钛磁铁矿。现在已探明的钒资源储量绝大部分赋存于钒钛磁铁矿中。钒钛磁铁矿的储量很大，主要集中在少数几个国家和地区。根据美国地质调查局不完全统计，截至 2010 年，全球钒金属储量超过 1360 万吨，主要分布在中国（510 万吨）、俄罗斯（500 万吨）、南非（350 万吨）等国家，此外还有澳大利亚、美国、加拿大、新西兰等国家。目前国际市场上主要的钒供应国为中国、南非和俄罗斯。除钒钛磁铁矿外，其他含钒资源主要是磷岩矿、含铀砂岩和粉砂岩矿等，这些矿床的总量分别都超过 6000 万吨。此外，铝土矿、含碳质原油、煤、油页岩及沥青砂等矿物中都含有少量的钒。

钒钾铀矿主要蕴藏在美国科罗拉多高原和新墨西哥州四角地区，矿石含 V_2O_5 0.5%~1.5%，是美国钒生产的主要资源。此外，意大利、墨西哥和土耳其也有此类资源。

钒与铜、铅、锌的硫化物共生的复合钒酸盐矿含 V_2O_5 0.2%~0.5%，主要产于纳米比亚的欧塔维地区、赞比亚的布罗肯山、美国南部亚利桑那州、墨西哥和阿根廷等地。

磷酸盐岩产于美国爱达荷州、犹他州、蒙大拿州和怀俄明州，矿石含 P_2O_5 24%~32%，V_2O_5 0.5%~1.5%。将使用这种矿石生产磷和磷肥时的副产物磷铁作为提钒的原料，其产量在美国产钒原料中占第二位。

原油、沥青岩、炭质页岩（石煤）等燃烧灰渣中含有较高的钒，这些灰渣已成为重要的钒资源，加拿大、日本、美国、秘鲁、中国、俄罗斯等许多国家将此作为提钒原料的资源。

秘鲁安第斯山脉的绿硫钒矿曾经是最大的钒矿，但已开采完毕。此外，铝土矿中也含有钒，在拜耳法生产氧化铝时，钒进入铝酸钠溶液，法国、意大利、俄罗斯等国家从中予以回收。

次生含钒原料废催化剂是日本主要提钒的原料，其他国家也从废催化剂中回收钒。

到目前为止，还没有对美国的钒矿矿石和黏土矿、北欧的钛铁磁铁矿以及巴西和智利矿藏中的钒进行大规模的提取。钒也是世界上具有战略意义的稀有金属。钒产品越来越广泛地被应用在航空、航天等高科技领域。

1.2.3　我国钒资源概况

我国钒储量十分丰富，资源储量位列世界前三位，以钒钛磁铁矿和碳质页岩矿为主。四川攀枝花地区是我国最大的钒矿产地，其次还有河北承德、安徽马鞍山等地。此外，还从国外进口一些钒渣、含钒的二次资源（重油脱硫的废催化剂、燃油灰渣、磷酸岩冶炼黄磷的副产物磷铁等）。

　　我国钒矿主要分布在四川（690 万吨）、湖南（226 万吨）、甘肃（90 万吨）、湖北（50 万吨）、广西（172 万吨）；钛磁铁矿床主要分布在四川攀枝花—西昌地区、河北承德地区、陕西汉中地区、湖北郧阳和襄阳地区、广东兴宁及山西代县等地区。其中，攀枝花—西昌地区是钒钛磁铁矿的主要成矿带，也是世界上同类矿床的重要产区之一，南北长约300km，已探明大型、特大型矿床 7 处，中型矿床 6 处，约占我国钒储量的 67%。我国四川攀西地区发现的钒钛磁铁矿储量大约 100 亿吨，折合 V_2O_5 储量有 1700 多万吨；河北承德地区发现的钒钛磁铁矿储量达到 80 亿吨以上，折合 V_2O_5 储量有 800 多万吨。表 1-1 所列为我国钒资源的分布状况。

表 1-1　我国钒资源分布状况

地区或矿山	矿石类型	V_2O_5 储量	
		合计/万吨	比例/%
攀西地区	钒钛磁铁矿	1862	52
贵州	铀磷页岩	0.09	—
新疆	钛磁铁矿	0.01	—
甘肃方口山	石煤	4.79	2
承德	钛磁铁矿	57.89	2.77
北京昌平	钛磁铁矿	1.62	0.08
山西代县	钛磁铁矿	2.02	0.10
江苏	含钒铁矿	14.36	0.69
安徽	含钒铁矿	65.16	3.12
湖北崇阳县	石煤	57.62	2.76
河南淅川	石煤	33.16	1.59
广西藤县	钛磁铁矿	1.68	0.08

　　我国钒钛磁铁矿储量大，分布集中。攀西地区钒资源世界第四，中国第一。我国在攀西地区已探明储量中钒钛磁铁矿储量有近 100 亿吨。钒钛磁铁矿伴生有钒、钛、铬、钴、镍、镓、钪等多种有色和稀有金属，以钒计，五氧化二钒 1578 万吨，占全国钒储量的63%，世界储量的 11%。攀西地区的钒钛磁铁矿主要分布在攀枝花、白马、红格、太和四大矿区，矿区矿产埋藏浅，剥离量小，都可露天开采。

　　承德地区的钒钛磁铁矿在双滦区大庙、承德县黑山—头沟一带钒钛磁铁矿储量有 2.6亿吨，V_2O_5 储量 48.4 万吨。此外，2003 年普查发现在滦平铁马、宽城孤仙子、高寺台、头沟、隆化大乌苏沟、丰宁、平原、双滦等地还有钒含量较低的钒钛磁铁矿，矿石储量有45 亿吨，2006 年普查又发现有 34.45 亿吨矿石，总量达到了 80 亿吨以上，折合 V_2O_5 的储量有 800 万吨，资源相当丰富。

　　我国安徽马鞍山的凹山等地的钒钛磁铁矿，含 $V_2O_5$0.21%，探明 V_2O_5 储量 190.22 万吨，经济储量 64.7 万吨，过去曾作为提钒的原料，用高炉-转炉工艺生产钒渣，对我国钒工业做出过很大贡献，但考虑到成本问题，已经停止了对钒的开发利用。

据资料介绍，除钒钛磁铁矿外，我国石煤储量相当丰富，据《南方石煤资源综合考察报告》称：湖南、湖北、江西、安徽、浙江、贵州、陕西、广东、广西、河南十省区石煤矿的总储量为618.8亿吨，仅湖南、湖北、江西、安徽、浙江、贵州、陕西七省的石煤矿就含有1.1797亿吨 V_2O_5。但石煤中钒的品位相差悬殊，一般 V_2O_5 的含量为 0.13%～1.2%，小于边界品位0.5%的占60%。按目前技术水平，品位达到0.8%以上才有开采价值，具有开采价值的资源比例很小。

【知识拓展】石煤

石煤是一种含碳少、发热值低的劣质无烟煤，又是一种低品位多金属共生矿。石煤赋存于早古生代和新元古代地层中，是主要由菌类、藻类等生物形成的、含矿物质较高的一类可燃有机岩。石煤大多具有高灰、高硫、低发热量和硬度较大的特征，因外观近黑色或黑灰色的岩石而得名。石煤也可称为高灰分的腐泥无烟煤或藻煤。美国、前苏联和欧洲各国的早古生代或更老的地层中，也发现类似的可燃有机岩，但多未构成工业矿床。石煤中赋存大量的金属和非金属元素，属于低品位多金属矿石，其中钒的质量分数较高，V_2O_5 品位一般达到 0.8%～1.2%，有的甚至更高。因此钒的提取是石煤综合利用的一个重要方面。

目前，在我国石煤资源中已发现的伴生元素多达60多种，其中可形成工业矿床的主要是钒，其次是钼、铀、磷、银等。含钒石煤遍布我国20余个省区，仅浙江至广西一条长约1600公里的石煤矿，就蕴含着1亿吨以上的五氧化二钒。

石煤含钒矿床是一种新的成矿类型，称为黑色页岩型钒矿，它是在边缘海斜坡区形成的，主要含钒矿物是含钒伊利石。我国石煤资源的主要利用途径是石煤发电、石煤提钒及用于建材工业。但70%～80%的石煤中钒的品位很低，五氧化二钒含量多在0.8%以下，要进行提钒技术难度极大。攀钢在石煤提钒技术上取得了突破，使钒的总收率平均达到60.70%，远远高于国内同行业通常的40%～50%的指标。

【想一想 练一练】

选择题

1-2-1 世界上生产钒的矿石主要是以（　　）矿石为主。

    A. 钒铀矿　　　　　B. 钒钛磁铁矿　　　　　C. 铝土矿　　　　　D. 碳质页岩

1-2-2 我国钒钛磁铁矿主要分布在（　　）地区。

    A. 贵州　　　　　B. 攀西地区　　　　　C. 新疆　　　　　D. 河北

1-2-3 钒在自然界分布很广，约占地壳质量的（　　）。

    A. 0.02%～0.03%　　B. 0.04%～0.05%　　　C. 0.06%～0.07%

填空题

1-2-4 全球钒资源主要来自于＿＿＿＿＿＿＿＿矿的开采和冶炼。

1-2-5 钒的主要矿物有＿＿＿＿＿＿、＿＿＿＿＿＿、＿＿＿＿＿＿等。

简答题

1-2-6 钒的主要矿物有哪些？

任务 1.3　钒产业概况

【学习目标】

(1) 了解国外主要的钒企业及其产品；

(2) 熟悉我国主要的钒企业及其产品。

【任务描述】

钒的冶炼及加工有着较高的技术壁垒，因此钒的生产高度集中。本任务主要介绍世界上主要的钒企业及其产品。

1.3.1　国外钒产业状况

目前，世界钒的生产高度集中在南非海维尔德、瑞士加能可、俄罗斯图拉-丘索夫、中国攀钢和承德钒钛、美国战略矿物五大集团，产能占世界 80% 以上。大多数钒生产企业的产品主要是 V_2O_5、V_2O_3、钒铁、氮化钒等，还有少量的钒化合物（钒酸盐等）、金属钒等产品。目前全球钒渣、氧化钒、钒铁的主要产地是南非、中国、俄罗斯、美国、澳大利亚、新西兰和日本七国。从 20 世纪 80 年代以来，南非、俄罗斯和中国一直是三个最大的产钒国。这些国家几乎都是以钒钛磁铁矿为原料生产加工钒产品。

钒产业的高度集中是因为钒的冶炼及加工有着较高的技术壁垒，如独特的钒渣提取技术工序比较长，难度较高，掌握难度较大，技术壁垒高，目前仅中国攀钢集团、俄罗斯下塔基尔、中国承德钒钛、南非海维尔德四家企业掌握该技术；此外，由于钒大多需从钒钛磁铁矿中加以提炼，因而若无法掌握钒钛磁铁矿综合利用的技术，产品的经济性将很难实现。

1.3.1.1　南非

南非的钒产量居世界第二位，2002 年其钒产量为 18000t，约占世界钒产量的 30.0%。南非钒产品包括钒渣、V_2O_5、钒化学品及钒铁合金。南非有 5 家公司利用火成杂岩中的钒钛磁铁矿生产钒，其中最大的是海维尔德钢钒公司（Highveld Steel & Vanadium Corp.），其次是瓦米特克矿物公司（Vametco Minerals Corp.）、德兰士瓦合金公司（Transvaal Alloys Pty. Ltd.）、钒业技术公司（Vanadium Technology Ltd.）、罗目巴斯钒业公司（Rhombus Vanadium holdings Ltd.）。南非各公司钒制品的产能见表 1-2。

表 1-2　南非各钒企业的产能

名　称		年产能（V_2O_5）/t	产　品	原　料
南非海维尔德钢钒公司		25000	V_2O_5、钒铁	矿石和钒渣
瑞士 Xstrata 公司	钒技术（Vantech）	6000	V_2O_5、钒铁	矿石
	Rhovan 公司	5900 ~ 6350	V_2O_5	矿石
美国 Stratcorp 的 Vametco		6250	V_2O_3、VN、钒铁	矿石或钒渣

海维尔德钢钒公司：海维尔德钢钒公司的主要产品有 V_2O_5、V_2O_3、钒铁及钒的化工产品等，年总产能 25000t V_2O_5。有 6000t 以上的五氧化二钒用矿石直接提取，成本很低，其他 19000t 来自钒渣生产。该厂用回转窑–电炉法生产含钒铁水，然后用摇包（振动罐）吹炼钒渣，平均含 V_2O_5 为 24%，年产量 7.5 万吨。除自用外，还向奥地利的特雷巴赫化工厂及美国战略矿物公司在南非的子公司 Vametco 提供钒渣。其生产流程如图 1-4 所示。

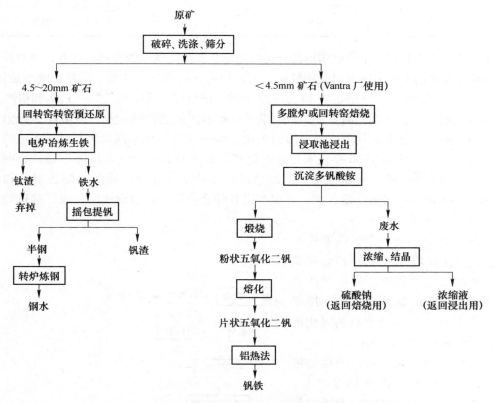

图 1-4　海维尔德钢钒公司提钒生产流程图

瑞士斯特拉塔公司（Xstrata）：斯特拉塔公司总部位于瑞士，是全球大型矿业公司之一。该公司的主营业务包括铜、焦煤、动力煤、铬铁、钒、锌。在南非有两个钒厂 Vantech 和 Rhovan，主要产品是 V_2O_5、钒铁。位于 Steelpoort 的 Vantech 厂的主要产品为 V_2O_5（年产 6000t）、钒铁（年产 2400t）；位于 Brits 的 Rhovan 厂目前 V_2O_5 的年产量为 5900~6350t。

瓦米特克矿物公司（Vametco）：Vametco 公司现在是美国战略矿物公司的控股公司。该公司用 AMV（偏钒酸铵）干燥后经氢气（石油液化气）还原生产得到 V_2O_3，再用 V_2O_3 进一步加工成 FeV80 和氮化钒。

1.3.1.2　俄罗斯

俄罗斯有三大钒企业，约有 23000t 的 V_2O_5 产能，主要产品是钒渣、V_2O_5 和钒铁。俄罗斯各钒业公司的产能见表 1-3。

表 1-3　俄罗斯各钒企业的产能

名　称	年产能（V_2O_5）/万吨	产品	原料
下塔吉尔钢铁公司	22～24	钒渣	精矿
丘索夫冶金厂	0.75	V_2O_5、钒渣	钒渣
钒-图拉冶金股份公司	1.6	V_2O_5、钒铁	钒渣

下塔吉尔钢铁公司：下塔吉尔钢铁公司归俄罗斯耶弗拉兹控股公司所拥有，主要原料用位于乌拉尔地区的卡奇卡纳尔钒钛磁铁矿，用高炉冶炼得到含钒铁水，用转炉吹炼成钒渣，每年可产含 V_2O_5 15%~22% 的钒渣 10 万～12 万吨，供给国内其他钒厂生产 V_2O_5 和钒铁。

丘索夫冶金厂：丘索夫冶金厂是俄罗斯乌拉尔地区的老钢铁企业。1936 年，丘索夫冶金厂成为苏联首家能工业化生产钒产品的企业；1964 年 7 月该车间采用当时最先进的工艺生产出首炉钒铁；20 世纪 60 年代末丘索夫钢铁厂的钒制品开始进入国际市场。目前，丘索夫冶金厂是世界上唯一一家成功采用冶金流程（烧结→高炉→转炉→湿法冶金和电冶金）来加工卡奇卡拉尔钒钛磁铁矿，并生产出各种优质钒产品的钢铁厂，该厂对钒的综合提取率已达到 50%。

丘索夫冶金厂全部用钒铁磁铁矿为原料，采用高炉-转炉法生产含钒铁水，转炉吹钒得到钒渣。每年可产含 V_2O_5 14%～17% 的钒渣 3 万吨，用于自己生产 V_2O_5、钒铁及少量的氮化钒铁。生产流程如图 1-5 所示。

图拉黑色冶金联合体：图拉是俄罗斯最大的 V_2O_5、钒铁的生产厂，V_2O_5 年生产能力为 16000t，主要原料为下塔吉尔公司提供的钒渣。该厂是目前世界上唯一用石灰法生产五氧化二钒的工厂。

1993 年，图拉黑色冶金科研生产联合体改制成为具有独立法人资格的钒-图拉冶金股份公司，它是国际钒制品市场的主要供应商之一，也是世界主要的钒化合物生产商之一。

此外，俄罗斯上萨尔达冶金生产联合企业、别列日尼科夫航空战略物资股份公司、乌拉尔稀有金属股份公司、列宁纳巴德稀有金属公司等有少量钒制品生产。

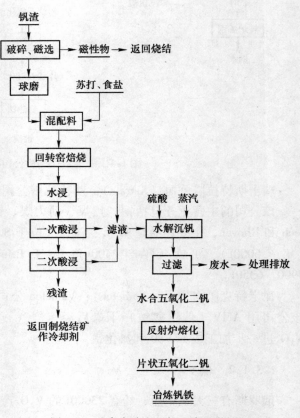

图 1-5　丘索夫冶金厂钒生产工艺图

1.3.1.3　美国

美国的钒工业主要由 8 个企业构成。美国的钒产业情况如图 1-6 所示。

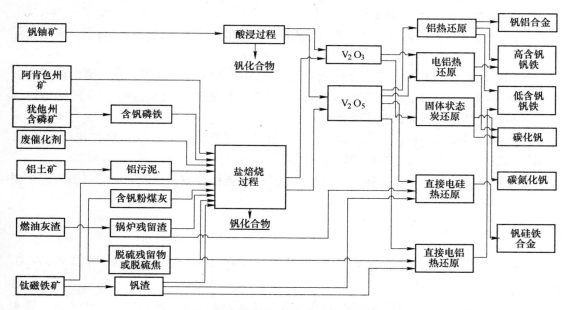

图 1-6　美国钒产业生产工艺流程图

美国战略矿物发展有限公司：美国战略矿物发展有限公司是美国最大的钒生产企业，钒制品年生产能力为 11000t，包括钒氧化物、偏钒酸铵、三氯化钒、四氯化钒、钒钛氯化物及其他钒产品。目前，美国战略矿物发展有限公司被俄罗斯耶弗拉兹控股公司收购。

美国战略矿物发展有限公司主要下属子公司有两个：一个是美国钒公司，以含钒黏土矿、废催化剂、燃油灰渣等为原料，碱浸得到偏钒酸钠溶液，再用离子交换法提取有特殊用途的 99.9% 的 V_2O_5 及用作催化剂的四氯化钒、偏钒酸铵、偏钒酸钠等。另一个是南非瓦米特克矿物公司，前面已做介绍。

雷丁合金有限公司：该公司位于美国宾夕法尼亚州罗布森尼亚，主要生产钒合金、钒铁和钒铝。雷丁合金有限公司是美国最大的 AlV 合金生产厂家。

克尔·麦吉化学有限公司：该公司在美国蒙大拿州、怀俄明州与犹他等州有磷矿。克尔·麦吉化工有限公司用磷矿（含五氧化二磷 24%~32%，钒 0.15%~0.35% 和少量的铬、镍、钼等）在电炉中生产元素磷和磷肥时，钒进入副产品磷铁中，含钒磷铁是美国仅次于钾钒铀矿的钒资源，该公司每年用磷铁做原料生产钒 2400t。

舍费尔德冶金公司：该公司位于美国新泽西州舍费尔德，是纽约冶金有限公司的子公司，主要生产钒铁。

此外，在北美洲的加拿大、南美洲的智利等也有钒生产厂家。

1.3.1.4　欧洲

奥地利特雷巴赫化学工业公司（TCW）：TCW 是世界主要的铁合金生产商之一，从南非进口钒渣并从俄罗斯的图拉厂进口五氧化二钒和 50 钒铁，再合在一起生产高钒铁，主要生产三氧化二钒。

德国电冶金有限公司：该公司建于 1911 年，生产钒铁有 80 年的历史了，技术比较先进。该公司产品种类多，如果按照元素分，主要有 V, Ti, Nb, Ta, Zr, W, Mo, Ni, Ca, Mg, Mn, Si, Al, B, C, N, H 等制成的高纯金属、合金、复合中间合金、化合物等制品。

钒的产品有水法生产的钒化合物如 V_2O_5, V_2O_3, KVO_3, NH_4VO_3 等；用铝热等方法生产的各种牌号的钒铁、用于航空叶片（Ti_6Al_4V）的钒铝合金。这些产品 50% 运销国外，尤其是钒铝合金，大部分运销美国。

由于钒原料缺乏及环保压力，该厂的五氧化二钒生产线已卖给我国攀枝花钢铁公司。三氧化二钒生产线卖给奥地利特雷巴赫。

捷克尼克姆公司：该厂在捷克，由日本岩井株式会社控股，从俄罗斯进口钒渣，主要生产 V_2O_5 和钒铁。

1.3.1.5　澳洲

澳大利亚稀有金属公司：澳大利亚稀有金属公司从温德木拉钒钛磁铁矿中提钒，V_2O_5 的年生产能力为 7000t。

新西兰钢铁公司：新西兰钢铁公司用海滨钒钛铁砂矿，采用回转窑、电炉炼铁，铁水包提钒，生产钒渣（含 V_2O_5 16%~22%），年生产能力为 17500t。

1.3.1.6　亚洲

日本钒的生产主要是以废催化剂、燃油灰渣等二次资源为原料生产五氧化二钒及钒铁，每年需要从国外进口大量五氧化二钒生产钒铁。

韩国钒生产与日本类似，主要生产厂家有韩国友进工业株式会社、韩国信友金属株式会社，生产能力非常小。

目前全球钒渣、氧化钒、钒铁的主要产地是南非、中国、俄罗斯、美国、澳大利亚、新西兰和日本七国。20 世纪 80 年代以来，南非、俄罗斯和中国一直是三个最大的产钒国，随着澳大利亚 Windimurra 钒项目的达产，可能会占据世界钒产量 9% 的份额，也将成为主要的产钒国之一。世界其他钒企业产能的情况见表 1-4。

表 1-4　世界其他钒企业产能

名　称	年产能（V_2O_5）/t	产品	原料
美国战略矿物发展有限公司下属美国钒公司	14000	V_2O_5、钒酸盐等	钒黏土矿、废催化剂或燃油灰渣等
奥地利特雷巴赫化学工业公司	6600	V_2O_5、V_2O_3、钒铁	钒渣
澳大利亚稀有金属公司	7000	V_2O_5	矿石
捷克、德国、加拿大、日本等	7000	V_2O_5、钒铁等	矿渣、废催化剂、燃油灰渣等

1.3.2 我国钒产业状况

我国除西藏、宁夏、海南外，几乎每个省市都有钒的生产企业，大中型企业有十余家。我国石煤提钒还有百家以上的工厂。我国各厂总的 V_2O_5 年生产能力已接近 8 万吨，钒渣的年生产能力已经达到 36 万吨以上。

我国的钒原料主要来自钒钛磁铁矿，通过高炉/转炉工艺得到的钒渣，其次是碳质页岩（石煤）。此外还从国外进口一些钒渣、含钒的二次资源（重油脱硫的废催化剂、燃油灰渣、磷酸岩冶炼黄磷的副产物磷矿等）。我国钒企业生产能力（以 V_2O_5 计）如图 1-7 所示。

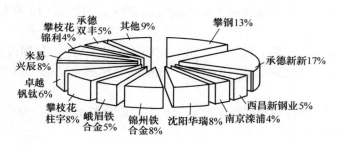

图 1-7 我国钒企业生产能力分布图

目前攀钢是我国最大的钒生产商。按 V_2O_5 产量计算，攀钢生产的钒原料占全国的 74% 左右，占世界的 18% 左右，图 1-8 所示为我国钒原料生产情况。承德钢铁公司是我国另一个主要钒生产商，近年来其生产规模也在不断扩大。

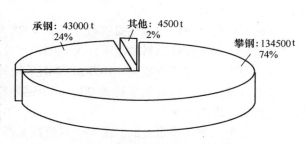

图 1-8 我国钒原料生产分布图

目前我国钒产业主要以钒钛磁铁矿和石煤为原料，主要产品包括钒渣、钒的氧化物（五氧化二钒、三氧化二钒）、钒钛、氮化钒、钒电池等，产业链情况如图 1-9 所示。

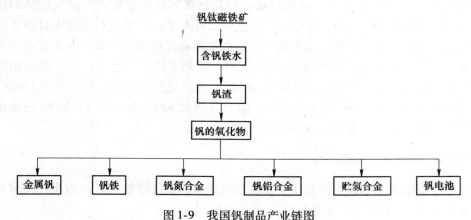

图 1-9 我国钒制品产业链图

1.3.2.1　攀枝花钢铁集团有限公司

攀西地区的矿产、水利、煤炭资源极其丰富，发展冶金工业得天独厚。目前已探明的钒钛磁铁矿近 100 亿吨，仅次于鞍本地区，是我国第二大铁矿。我国钒产业的崛起主要得益于攀枝花钒钛磁铁矿的开发利用。随着 1972 年攀钢雾化提钒投产，我国钒从无到有，从 1980 年开始由一个钒的进口国，变成钒的出口大国。目前攀钢钒产品的年销售收入达到 4.07 亿元，年出口创汇达 3200 万美元（1998 年达到 6500 万美元），成为攀钢仅次于钢铁的第二支柱产业。

攀西地区的钒钛磁铁矿具有如下特点：

（1）储量巨大，约占全国各类铁矿总储量的 20%，占世界同类矿储量的 25%，世界闻名。

（2）钒钛含量丰富。其中钒储量为 884.5 万吨（以 V 计），分别占全球和全国的 11% 和 50%；钛储量为 8.7 亿吨（以 TiO_2 计），分别占全球和全国的 21.0% 和 90.5%，享有"钒钛之乡"的美誉。

（3）成分稳定。攀西钒钛磁铁矿的几大矿区，成分基本接近，为生产的稳定性和研发的连续性提供了原料保障。

（4）是共生岩矿。除铁、钛、钒外，还含有钴、钪、镍、镓等多种稀、贵金属，属典型的多金属共生岩矿。

攀钢利用自己独创的雾化提钒技术，于 1978 年建成了年产 7.5 万吨标准钒渣的提钒车间，满足了国内提钒原料的需求，为我国钒工业的发展做出了巨大贡献。为了进一步提高钒的收得率，改善钒渣质量，1995 年攀钢采用转炉提钒技术，建成了两座 120t 提钒转炉，通过科技攻关，钒氧化率达到 90%，半钢残钒达到 0.05%，其生产能力和经济技术指标达到国际先进水平。

在钒资源深加工技术方面，主要针对钒制品品种单一，高附加值产品少，钒回收工艺技术水平不高的实际，开发出了 V_2O_5，V_2O_3，V-Fe，VN 等产品，图 1-10 所示为攀钢提钒工艺流程。其中，用多膛炉设备焙烧制取 V_2O_5 只有攀钢一家；用煤气还原多钒酸铵制取 V_2O_3 的生产技术属国内外首创，获得了国家发明专利，从多钒酸铵到高钒铁的收率提高了 4%；以 V_2O_5 或 V_2O_3 原料，电铝热法冶炼高钒铁属国内首创，产品质量达到国际最高标准—德国 DIN 17563—1965 标准，具有世界先进水平；氮化钒制取技术打破了世界上唯一生产国—美国的技术封锁，成为世界上第二家拥有此技术的厂家，其工艺技术达到国际先进水平，并先后建成了年产 100t 和 300t 的中试和生产线。至此，钒的收率由原来的 25% 左右提高到现在的 42.6%（从原矿至钒渣）；标准钒渣产量已达到了年产 150kt 以上，占全国的 80% 左右；V_2O_5 和 V_2O_3 的年生产能力分别为 3000t 和 3350 t，V-Fe 的年生产能力为 6000t，VN 的年生产能力为 400t。

1.3.2.2　承德钢铁集团公司

河北钢铁集团承德钢铁集团公司主要以承德地区的钒钛磁铁精矿作为生产原料，工艺与攀钢类似。图 1-11 所示为承钢 V_2O_5 生产工艺流程图。

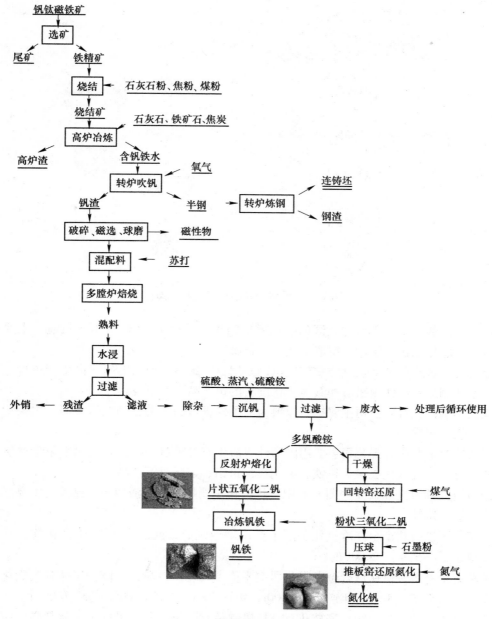

图 1-10　攀钢提钒工艺流程图

1.3.2.3　攀钢集团西昌钢钒有限公司

攀钢集团西昌钢钒有限公司现主要有五氧化二钒、钒铁的生产，主要原料为攀西地区的钒钛磁铁精矿，五氧化二钒生产使用钙化焙烧-酸浸工艺，其他工艺与攀钢钒业公司相同。

1.3.2.4　南京滦浦钒业公司

南京滦浦钒业有限公司是一家位于江苏南京集五氧化二钒生产加工及销售的大型中外

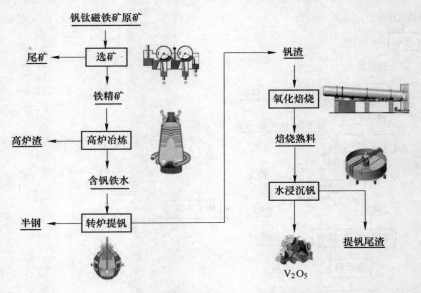

图 1-11　承钢 V_2O_5 生产工艺流程图

合资企业, 原料主要采用承德地区的钒钛磁铁精矿, 经高炉/转炉法生产钒渣。主要产品有钒渣、五氧化二钒、钒铁、尾渣、铁粒、金属铬。

上述几家企业都是从钒钛磁铁矿提钒, 并用自产钒渣为原料的钒产品生产单位。下面介绍几家使用进口或使用钒渣和其他含钒废料的钒产品生产单位。

沈阳华瑞钒业有限公司主要提钒原料为从国外进口的废催化剂、钒渣等, 主要产品为五氧化二钒、钒铁。

锦州铁合金股份有限公司主要用国内外钒渣生产各种钒产品, 是我国最早生产钒的国有企业, 可生产五氧化二钒、钒铁、氮化钒、钒铝、金属钒等产品。

四川川投峨眉铁合金 (集团) 有限责任公司主要用外购钒渣生产钒制品, 主要产品有五氧化二钒、钒铁。

柱宇集团攀枝花市金江冶金化工厂主要用攀钢钒渣或残渣生产 V_2O_5 及钒铁, 其在河北承德也建了一个年产 2000t 的钒厂。

攀枝花米易星辰钒钛铁合金有限公司主要从含钒废料中提钒, 该公司拥有五氧化二钒车间 3 个, 电冶车间 1 个, 年产钒铁 3000t, 钼铁 600t, 钛铁 5000t, 铸件 3000 个。

四川卓越钒钛制品公司在攀枝花有红杉钒制品有限公司和四川卓越钒钛制品厂两个钒厂, 主要从钒渣或废料中提钒, 主要生产 V_2O_5 及钒铁。

此外, 我国还有一些采用碳质页岩为原料的钒产品生产单位。用碳质页岩为原料最早是使用食盐焙烧法, 目前基本被淘汰。目前多数钒企业采用无盐添加剂或用石灰添加剂, 酸浸 (碱浸) 得到含钒溶液, 然后用离子交换或萃取法提取五氧化二钒。国内这种单位数量最多, 但产量不大, 污染较为严重, 关闭较多, 剩有百家以上。

综上所述, 虽然我国的钒产业得到迅速发展, 但发展过程中也存在大量不容乐观的问题, 如产业结构不合理、产业集中于劳动力密集型产品; 技术密集型产品明显落后于发达工业国家; 生产要素决定性作用正在削弱; 产业能源消耗大, 产出率低, 环境污染严重,对自然资源破坏力大；企业总体规模偏小，技术创新能力薄弱，管理水平落后等。若能解决这些问题，今后我国的钒产业将有广阔的发展前景。

【想一想　练一练】

简答题

1-3-1　国外大多数钒生产企业的产品主要是什么？

1-3-2　目前全球钒渣、氧化钒、钒铁的主要产地有哪些？

任务 1.4　钒制品的应用

【学习目标】

了解钒的主要应用领域及发展方向。

【任务描述】

钒具有众多优异的物理性能和化学性能，其用途十分广泛。本任务主要介绍钒的主要应用领域及新的发展方向。

钒作为一种重要的战略资源，有金属"维生素"的美誉，广泛应用在钢铁、航天、化工、新型能源等领域。钒铁合金、钒氮合金可以添加在钢中用于提高钢的强度和韧性，钒铝合金被用于航天领域，钒化合物则被广泛地用来生产如催化剂、化妆品、染料及电池等。钒在钢铁工业中的消费量占其总量的85%以上，在钢材中添加钒，具有强度高、韧性好、耐腐蚀、易焊接的特点。在结构钢中加入0.1%的钒，可提高强度10%～20%，减轻结构重量15%～25%，降低成本8%～10%。

1.4.1　钒在钢铁工业的应用

钒是一种重要的合金元素，主要用于钢铁工业。钒在钢铁工业方面的用量约占钒总耗量的85%。世界每吨钢用钒（按 V_2O_5 计）约为0.07kg。世界上的钒产品在不同钢种中的使用比例概况见表1-5。

表1-5　钒产品（以 V_2O_5 计）在不同钢种中的使用比例概况　　　　（%）

高强度钢	碳　钢	合金钢	工具钢	其　他
33	30	22	13	2

钒以钒铁、钒氮合金的形式加入钢中，其中的钒与钢中的碳和氮起作用，生成小而硬的难熔金属碳化物和氮化物，这些化合物起细化剂和沉淀强化剂的作用，提高晶粒的粗化温度，从而降低过热敏感性，并提高钢的强度、韧性和耐磨性；当在高温溶入奥氏体时，会增加钢的淬透性。绝大部分钒用作钢铁的添加剂，以生产高强度低合金钢、高速钢、工具钢、不锈钢及永久磁铁等。

含钒钢强度高，韧性、耐磨性、耐腐蚀性好，广泛用于机器制造、汽车、航空航天、铁路、桥梁等部门，其中90%以上用于大口径钢管用的高强度钢（输油管、海底输送含硫天然气管道，造船、建筑钢筋、桥梁等）、高速工具钢（汽车曲轴、连接杆、驾驶盘的锻造部件等）、金属模等，其次用于钛合金（含钒的质量分数为 4%～12%，用作空气压缩机和框架部件等）、V_3Ga 超导材料、化工催化剂等。

在碳素钢中加入少量的钒，能提高钢的延展性和耐热性。在调质钢中通过形成钒的碳化物（V_4C_3）和氮化物（VN），在热处理作用下可使用晶粒细化和弥散硬化。由于氮的加入，改善了钢的脆断性，改善了钢的可焊性。

（1）高强度低合金钢（HSLA 钢）中含有 0.05% 的钒，与铌（0.04%）、钼或铬（0.1%～0.2%）结合，可制作壁厚为 18～25mm 的大管道，也可作桥梁结构钢，主要优点是可以减轻重量。

（2）钢轨钢中钒（0.1%～0.2% V）和氮或铬配合，可改善钢的脆断性。可用作螺丝扳手，切屑、冲模、压模等的加工工具。耐热钢中含有 10%～17.5% Cr，27% Ni，2% Mo，0.1%～0.7% V，可用作驱动装置的构件、燃气轮机和动力机构件等。

钒已成为我国发展新钢种所不可缺少的合金元素。80%～85% 的钒主要用于黑色冶金工业中作加制剂和合金元素，以制备特种钢。我国主要含钒合金钢已达 139 种，被广泛应用于工程机械、汽车、航空、航天、铁道、轮船、高层建筑、桥梁、输油（气）管道制造等多个领域。

1.4.2　钒合金的应用

作为"现代工业的味精"的钒，另外一个大的应用领域是作为合金添加剂，世界上有 7%～10% 的钒是用于有色金属方面。金属钒用作钛、铝、锆、铜等合金添加剂，喷气机和火箭等的耐热材料，溅射靶，真空管蒸镀，V_3Ga 等合金系超导材料。在有色金属合金工业方面，钛工业已成为钒的第二大市场。

钒在钛合金中是一种强的 β 稳定剂，因而能改善钛合金的结晶结构，提高高温稳定性、耐热性、冷加工性。通过热处理，钒能强化 α-β 钛合金，由 β 相转变为 α 相，这种转变或通过在缓慢冷却速度下成核作用和晶粒增大，或通过在快速冷却速率下的马氏体的消失来实现。

目前使用的含钒钛合金有 Ti-5Mo-5V-8Cr-3Al（TB2），Ti-3.5Al-10Mo-8V-1Fe（TB3），Ti-4Al-7Mo-10V-2Fe-2Zr（TB4），Ti-5Al-4V（TC3），Ti-6Al-4V（TC4）等。

钒和钛组成的最重要的合金是 Ti-6Al-4V。Ti-6Al-4V 是 α-β 钛合金，用量最大，占钛合金生产总量的 50%，它在室温下的稳定性好，质量轻，强度大，具有很高的抗疲劳性能。主要用于飞机发动机，可减轻质量，提高发动机性能，如制作发动机的机盘、叶片隔套、防护板、飞机主翼、助梁、横梁、水平尾翼、飞机起落架支撑架；还用于宇航中的船舱骨架、导弹预警搜索箱等承力结构件及压力容器类，火箭发动机壳、军舰的水翼和引进器，蒸汽涡轮机叶片和耐腐蚀弹簧等；此外用于装甲、火炮和人员的防弹保护装置方面；还可用于体育用品，如自行车赛车、网球拍、曲棍球棒、棒球棒、旱冰溜冰鞋、高尔夫球杆棒头等。航空航天业用的 Ti-6Al-4V 合金使用钒作为稳定剂。仅美国每年在钛合金方面就要消耗钒 544～680t，占钒产量的 10%。用作 F16 和 F18 型战斗机，波音 777 型飞机、运输机、新型直升机燃气涡轮材料。这种合金占宇航用钛量的 80% 以上。

另外，在焊接钛时，焊料中加入钒可提高焊缝强度。

钴和镍基含钒合金也在磁性合金、软磁和高磁性材料中得以使用；其高温合金作结构材料、耐腐蚀材料。

耐高温性好的铌钽合金，掺入钒能提高抗氧化能力，用于航天飞机和人造卫星及导弹。含 30% Nb 的 NbV 合金具有良好的超导性能。

钒基合金特别是加铬和钛的钒基合金（含钒的质量分数为 85%）用于聚变反应堆的容器材料，钒合金受辐射的影响比其他合金小得多，能很好地抵抗冷却剂的腐蚀，并在高温状态下保持其强度，每座反应堆可能用高达 500t 的钒基合金。金属钒及合金作为液体金属冷却快中子反应堆的结构材料，钒钛合金作为燃料的包套材料。

此外，钒还能加入许多其他合金中，目的是增加强度和延展性。例如加入铜基合金中，用于控制气体成分和显微组织，加入铝合金中可用于生产内燃发动机活塞以及加入一些镍基超级合金中生产汽轮机和叶片。

1.4.3　钒在其他领域的用途

1.4.3.1　化工领域

钒的另一个重要用途是作催化剂，在化工中主要应用的钒制品有深加工产品 V_2O_5（98%~99.99%）、NH_4VO（偏钒酸铵）、$NaVO$ 及 KVO 等。它们分别应用于催化剂、陶瓷着色剂、显影剂、干燥剂及生产高纯氧化钒或钒铁的原料。硫酸生产中用作二氧化硫转成三氧化硫催化剂的是五氧化二钒。

1.4.3.2　电子工业领域

钒在电子工业领域的用途主要有以下几方面：

（1）超导体。含钒的超导体有 V_3Ga，V_3Si 等，V_3Ga 是一种 A15 型金属间化合物，是目前已经实用化的金属间化合物类超导体。此外还有 TiSrVO 高温超导体，临界温度为 132K。

（2）在电子管中用作 X 射线滤波器等。

（3）含钒大容量小型电池，由五氧化二钒和石墨制成的锂钒小型电池，用作炮弹引信电源等，并具有可反复充电、寿命长等优点，最大容量可达 $25kW \cdot h$，也可用于家庭将低价的夜间电能充电供白天使用。

1.4.3.3　农业领域

在农业上，钒可以促进农作物生长发育，增产，增加植物的固氮作用，提高氮含量。钒盐施入土壤或喷洒植株或处理种子（豌豆、大麦等），由于钒的作用，可使植物中磷和钾含量增高。

1.4.3.4　生物学领域

20 世纪发现了某些植物中含有钒，如一种毒的蘑菇（白毒罩）。某些海洋生物，如海胆、海鞘、管海参的血液中含有 10% 的钒。据推测，钒在这里起着同于血红蛋白中铁的作用。另一些科学家认为，在这种情况下钒的作用类似于叶绿素中的镁的作用。换句话说，管海参血液中的钒是参与消化过程而不是参与呼吸过程的。

在阿根廷，曾试验往牛和猪的饲料中加入钒化合物，由此动物的食欲得到改善，体重也迅速增加。此外还知道 "黑曲霉" 只有在钒盐存在下才能正常生长。上述事实说明，钒在生命过程中起着一定作用，有待于进一步研究。

1.4.3.5　其他领域

在医学方面，哥伦比亚大学的科学家分离出一种钒化合物，即二（malthaco）氧钒（Ⅳ），是潜在的胰岛素代用品，可治疗糖尿病。钒的合金在镶牙和首饰中使用，钒还用于医学钒兴奋剂、照相显影剂、敏化剂、底片和印片的染料等方面。

1.4.4　钒制品应用的发展方向

随着科学技术水平的飞跃发展，人类对新材料的要求日益提高。钒在非钢铁领域的应用越来越广泛，其范围涵盖了航空航天、化学、电池、颜料、玻璃、光学、医药等众多领域。

（1）钒基固溶体贮氢合金。贮氢合金可在适当的温度压力下可逆地吸收和释放氢，可以储存比自身体积大 1000 倍以上的氢气，可解决传统用氢气瓶及液态贮氢存在的不安全、能耗高、价格高、储存量小等问题，广泛应用在燃料电池、电动车、镍氢电池、贮氢和输送氢等方面。

（2）全钒蓄能电池。全钒电池是近年来开发的采用 $VOSO_4$ 作为电解液、碳为电极的新型电池。这种电池具有充放电效率高（可达 90%）、自放电流低（年自放电低于 10%）的优点，是一种很有前途的新产品。

（3）光学转换涂层。研究已发现，在环境温度变化时，VO_2 涂层光学透过性能会发生变化。这也是钒资源利用的一个重要方向。

（4）钒的发光材料。掺 Eu^{3+} 离子的钒酸盐 $LnVO_4$，Eu^{3+} 通过调变阳离子的成分和含量可使钒酸盐发出不同波长的光。

（5）钒颜料及变色材料。钒作为颜料在玻璃、陶瓷工业中早有应用，但许多传统工艺目前已不能适应市场越来越高的要求。

（6）纳米钒氧化物催化剂。V_2O_3 是化学工业上使用的催化剂，它是硫酸、橡胶合成等重要化工反应的特效催化剂。

（7）钒酸钇。钒酸钇晶体是一种双折射晶体，具有接近玻璃的硬度、不潮解、加工镀膜容易等特点，因此是可用于光学偏振器的材料。

尽管人类开发钒、利用钒的历史还不长，但它在冶金、化工、航天、医学、体育等方面的出色表现已造福于人类，被世界喻为 21 世纪最有前途的新型金属之一。随着全球经济的快速发展，人们对材料的要求越来越高，钒的用途将越来越广，需求量也将越来越大。

【想一想　练一练】

选择题

1-4-1　钒主要用于（　　　）中。

　　　　A. 钢铁材料　　　　B. 硬质合金材料　　　　C. 无机材料　　　　D. 化工材料

判断题

1-4-2　钒可以用于生产航天工业用的钛-钒-铝合金。（　　　）

1-4-3　钒可以制成光学转换涂层。（　　　）

1-4-4　钒可以用于生产钒基固溶体的贮氢合金。（　　　）

1-4-5　钒不能用于生产催化剂。（　　　）

1-4-6　钒钛磁铁矿含有多种有益元素。（　　　）

简答题

1-4-7　钒及其化合物的用途主要有哪些？

论述题

1-4-8　钒比较有潜力的应用开发方向有哪些？

项目 2 认识"钒的化合物"

任务 2.1 金 属 钒

【学习目标】

了解钒单质的物理化学性质。

【任务描述】

钒广泛应用在多种领域，接下来就详细了解钒及其化合物的相关性质。本任务主要介绍钒单质的物理化学性质。

钒是一种呈银灰色的过渡族金属元素，其化学符号为 V，元素周期表中序数为 23，相对原子质量为 50.94，在元素周期表中属 V B 族，具有体心立方晶格，如图 2-1 所示。钒最常见的化合价有 +2，+3 和 +5，其中以 +5 钒的化合物最稳定。金属单质钒很少，其主要形态有 VO（氧化钒）、V_2O_3（三氧化二钒）、V_2O_5（五氧化二钒）、FeV（钒铁）及偏钒酸铵等。

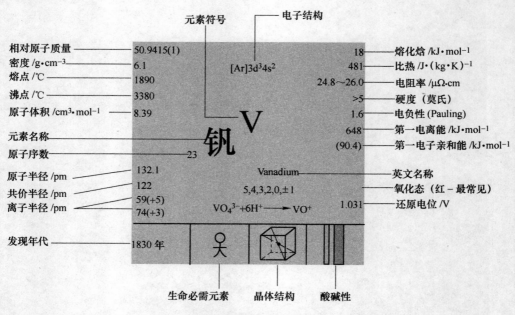

图 2-1　钒的物理化学性质

钒的熔点很高，接近 1900℃，与铌、钽、钨、钼同称为难熔金属。钒呈弱顺磁性，是电的不良导体。其力学性能主要取决于它的纯度。金属钒的物理性质见表 2-1。

表 2-1　金属钒的物理性质

性　质	数　据
相对原子质量	50.9415
熔点/℃	1890 ± 10
沸点/℃	3380
密度/g·cm^{-3}	6.11
比热容（20℃）/J·(kg·K)$^{-1}$	533.72
热导率（20℃）/Ω·(m·K)$^{-1}$	30.98
超导转变温度/K	5.3
线膨胀系数（0~100℃）/℃$^{-1}$	8.3×10^{-6}
电阻率（20℃）/μΩ·cm	24.8~26.0

　　钒是一种质地坚硬、高熔点、无磁性、有韧性的浅灰色金属，如图 2-2 所示。纯钒具有良好的延展性和可锻性，常温下可制成片、丝和箔；含有氧、氮、碳、氢时可提高钒的硬度和抗拉强度，但降低了它的延展性，即变脆、变硬。钒广泛应用于钢铁工业生产中，含钒钢具有强度大，韧性、耐磨性及耐腐蚀性好的特点。此外，钒还是多种合金的重要组成材料。在工业生产中，最常使用的钒制品主要有 V_2O_5，NH_4VO_3，$NaVO_3$，KVO_3 等，主要用于钒钛、催化剂、陶瓷着色剂、显影剂、干燥剂等的生产。

图 2-2　金属钒

　　钒在低温时有良好的耐腐蚀性——能耐淡水和海水的侵蚀、氢氟酸以外的非氧化性酸（如盐酸、稀硫酸）和碱溶液的侵蚀；但能被氧化性酸（浓硫酸、浓氯酸、硝酸和王水）溶解。在空气中，熔融的碱、碱金属碳酸盐可将金属钒溶解而生成相应的钒酸盐。此外，钒亦具有一定的耐液态金属和合金（钠、铅-铋等）的腐蚀能力。因此，钒包套材料与核燃料之间不发生明显的相互作用与扩散作用，能可靠地防护核分裂产物，适合作钠冷却快中子反应堆的燃料包套和反应堆材料。通过实验发现，钒可将至少需要 80mm 的铅板保护墙变为仅需 8mm 的钒材料保护墙。

　　常温下钒的化学性质较稳定，但在高温下能与碳、硅、氮、氧、硫、氯、溴等大部分非金属元素生成化合物。例如，钒在空气中加热至不同温度时可生成不同的钒氧化物。在空气中，熔融的碱、碱金属碳酸盐可将金属钒溶解而生成相应的钒酸盐。

　　在 180℃ 的温度下，钒与氯作用生成四氯化钒（VCl_4）。

钒在 300 ~ 400℃时开始吸收氢生成氢化物，高于 1000℃时氢便释放出来，在高真空中，600 ~ 700℃时氢便释放出来。因此，钒在工业上可以作为贮氢材料。

温度超过 800℃时，钒与氮反应生成氮化钒（VN）。

温度在 800 ~ 1100℃时，钒与碳生成碳化物（VC）。

任务 2.2　钒的氧化物

【学习目标】

(1) 了解二氧化钒、三氧化钒的性质；

(2) 熟悉五氧化二钒的性质。

【任务描述】

钒有多种氧化物，工业上钒氧化物主要是 V_2O_5、V_3O_4 和 V_2O_3，V_2O_5 的生产尤为重要。本任务主要介绍主要钒氧化物的性质。

钒有多种氧化物，已知的钒氧化物有 V_2O_2，V_2O_3，V_2O_4，V_2O_5，V_3O_5，V_3O_7，V_4O_7，V_4O_{11}，V_5O_9，V_6O_{11}，V_6O_{13} 等。工业上使用的钒氧化物以 V_2O_3，V_2O_4，V_2O_5 为主，其中 V_2O_5 是工业中应用最广的钒氧化物。

2.2.1　一氧化钒

一氧化钒（VO 或 V_2O_2）是浅灰色带有金属光泽的晶体粉末，是非整比氧化物，组成为 $VO_{0.94 ~ 1.12}$，固体是离子型的并具有氯化钠型结构。

一氧化钒的熔点较高，接近 1790℃，密度为 $5.76g/cm^3$。由于其结构中的金属 - 金属键，所以具有较高的导电性。

一氧化钒是碱性氧化物，不溶于水，能溶于酸生成强还原性紫色钒盐 $[V(H_2O)_6]^{2+}$ 离子；在空气中和水中不稳定，容易氧化成 V_2O_3。在真空中容易发生歧化反应生成金属钒和 V_2O_3。通常一氧化钒可用氢在 1700℃还原 V_2O_5 或 V_2O_3 制得。

2.2.2　三氧化二钒

三氧化二钒（V_2O_3）是灰黑色有光泽的结晶粉末，如图 2-3 所示，是非整比氧化物，组成为 $VO_{1.35 ~ 1.5}$，斜方晶系结构。晶格结构为 α-Al_2O_3 型的菱面体晶格。V_2O_3 的熔点很高，接近 1970 ~ 2070℃，密度为 4.843 g/cm^3。V_2O_3 属于难熔化合物，几乎不溶于水，溶于 HF 和 HNO_3。V_2O_3 具有导电性。

三氧化二钒呈碱性，在空气中缓慢被氧化，常温下暴露于空气中数月后，变成靛青

图 2-3　V_2O_3 产品

蓝色的四氧化二钒，在空气中加热猛烈燃烧；在氯气中迅速被氧化，生成三氯氧钒（$VOCl_3$）和 V_2O_5，不溶于水和碱，能溶于酸生成蓝色的三价钒盐 $[V(H_2O)_6]^{2+}$ 离子，已知它有相当大的八面体络合，在水中会部分水解生成 $[V(OH)]^{2+}$ 离子和 VO^+。工业上 V_2O_3 是用氢气、一氧化碳、氨气、天然气、煤气等气体还原 V_2O_5 或钒酸铵制取得到的；或在 1750℃ 下热分解五氧化二钒、在隔绝空气下煅烧钒酸铵制得。

V_2O_3 具有金属-非金属转变的性质，低温相变特性好，电阻突变可达 6 个数量级。

V_2O_3 吸入后引起咳嗽、胸痛、咯血和口中金属味，对眼有刺激性，有催泪作用，对皮肤有刺激性。口服引起胃部不适、腹痛、呕吐、虚弱。中毒者舌苔呈墨绿色。

三氧化二钒（V_2O_3）可作为冶炼钒合金的原料，同时可作为对加氢、脱氢反应的催化剂，它的应用前景还有以下方面：

（1）热短路限流电阻、非熔断性保护器等。

（2）用 V_2O_3 可制成用于低温技术中的无触点继电器等开关器件。这主要是由于 V_2O_3 具有电阻率突变特性和低温相变点。

（3）滤色镜。

（4）可变反射镜或透镜。

（5）大功率 PTC 陶瓷热敏电阻。

2.2.3　二氧化钒

二氧化钒（VO_2 或 V_2O_4）是深蓝色晶体粉末，正方晶体结构，温度超过 128℃ 时为金红石型结构，密度为 $4.260g/cm^3$，熔点为 1545℃。

VO_2 是两性氧化物，不溶于水，易溶于酸和碱。溶于酸时不能生成四价离子，而生成正二价的钒氧离子。在干的氢气流中加热至赤热时被还原成三氧化二钒，也可被空气或硝酸氧化生成五氧化二钒，溶于碱中生成亚钒酸盐。VO_2 可由碳、一氧化碳或草酸还原五氧化二钒制得，也可由 V_2O_5 与 V_2O_3，C，CO，SO_2 等还原剂制取。工业上常用气体还原钒酸铵或 V_2O_5 制得。

VO_2 是一种具有相变性质的金属氧化物，具有金属-非金属转变的性质。这种材料发生相变时，光学和电学性会发生明显的变化。当温度较低时，在一定温度范围内，材料会突然发生从金属性质转变到非金属性质，其相变温度为 68℃，相变前后结构的变化导致其产生对红外光由透射向反射的可逆转变，人们根据这一特性将其应用于制备智能控温薄膜领域。由于 VO_2 的薄膜形态不易因反复相变而受到损坏，因此，其薄膜形态受到了比其他粉体、块体更为广泛的研究。

二氧化钒所具有的导电特性让其在光器件、电子装置和光电设备中具有广泛的应用潜力。二氧化钒（VO_2）在工业上可作为制造钒铁的原料，VO_2 薄膜的独特性质主要表现在它的相变性质上，相变时的光学、电学性质变化尤其引人注目。它的应用前景有如下方面：

（1）太阳能控制材料。由于二氧化钒在 MST 转变时发生的光学透射率突变性质，它在高温下透过率极低，而低温下透过率很高。根据这个特性可以将这种材料制成控制室温的建筑用窗、墙、楼顶涂层，达到冬暖夏凉的效果。有人已经用掺入 W 和 Mo 的方法达到了相变温度为 20～25℃ 的水平。

（2）辐射测热计、热敏电阻。VO_2 薄膜电阻率随温度变化率达到 2%/℃。

（3）热致开关。如热敏继电器。

（4）可变反射镜。将 VO_2 薄膜制成反射镜，利用相变时光学反射率也发生突变的性质，改变薄膜某一点的温度，就可以改变该点的反射率。

（5）VO_2 红外脉冲激光保护膜。利用激光辐射可激发相变的特点，用 VO_2 薄膜制成红外脉冲激光保护膜，以防止红外脉冲激光致盲武器对人眼、红外敏感器件的破坏，在军事上具有很大的意义。

（6）晶体管电路和石英振荡器等稳定化的恒温槽。利用 VO_2 薄膜的临界温度热敏电阻制成。

（7）透明的导电材料。

（8）光盘材料。VO_2 的相变是可逆的，其薄膜形态的相变可以反复在金属态和非金属态之间进行，所以可以利用这个特性将 VO_2 薄膜制成光学数据存储材料，达到可读、可写、可涂擦的效果。

（9）其他方面的应用。如全息存储材料、电致变色显示材料、滤色镜、抗静电涂层、非线性和线性电阻材料、高灵敏度温度传感器、可调微波开关装置、红外光调制材料等。

【知识拓展 2.1】二氧化钒多相之谜

氧化钒材料在相对低的温度下作为绝缘体时，呈现出多相竞争的现象。然而，自 20 世纪 60 年代人们开始研究二氧化钒以来，这奇异的相行为一直不为人们所掌握。美国科学家 2010 年 11 月 23 日表示，通过对二氧化钒相变（从金属到绝缘体）进行系统的研究，他们揭开了困扰学术界数十年的谜团。

美国田纳西大学研究助理亚历山大·特瑟勒夫与法国科学家合作，在美国橡树岭国家实验室纳米相材料科学中心，借助凝聚物理学理论成功地解释了二氧化钒的相行为。特瑟勒夫表示，他们发现二氧化钒发生的多相竞争现象纯粹是由晶格对称引起的，并认为在冷却时二氧化钒晶格能够以不同的方式发生"折叠"，因此人们所观察到的现象是二氧化钒不同的折叠形态。研究人员表示，他们的理论研究工作可以指导未来关于二氧化钒的实验研究，并最终帮助开发基于二氧化钒材料的新技术。

2.2.4　五氧化二钒

五氧化二钒（V_2O_5）是一种无味、无嗅、有毒的橙黄色或红棕色的固体，微溶于水（0.07g/L），溶液呈微黄色。它在 670℃ 时熔融，冷却时结晶成黑紫色正交晶系的针状晶体。700℃ 以上，V_2O_5 显著挥发，其蒸气压随温度升高直线上升。

V_2O_5 有粉状和片状两种形态，因在富氧和缺氧的加热条件下而得到不同的形态，如图 2-4 和图 2-5 所示。

V_2O_5 是两性氧化物，但以酸性为主，可溶于浓 NaOH 或与 $NaCO_3$ 共熔得到不同的可溶性钒酸盐：

$$V_2O_5 + 3Na_2CO_3 \longrightarrow 2Na_3VO_4 + 3CO_2$$
$$V_2O_5 + 2Na_2CO_3 \longrightarrow Na_4V_2O_7 + 2CO_2$$
$$V_2O_5 + 2Na_2CO_3 \longrightarrow 2NaVO_4 + CO_2$$

图 2-4　片状 V_2O_5

图 2-5　粉状 V_2O_5

V_2O_5是中等强度的氧化剂，可被还原成各种低氧化态的化合物：

$$V_2O_5 + 10HCl \longrightarrow 2VCl_4 + Cl_2 \uparrow + 5H_2O$$

$$V_2O_5 + 6HCl \longrightarrow 2VOCl_2 + Cl_2 \uparrow + 3H_2O$$

$$2V_2O_5 + 6Cl_2 \longrightarrow 4VOCl_3 + 3O_2$$

$$V_2O_5 + 6HCl（干燥）\longrightarrow 2VOCl_3 + 3H_2O$$

V_2O_5可被氢还原制得一系列低价钒氧化物；可被硅、钙、铝等还原为金属：

$$V_2O_5 + 5Si \longrightarrow 5SiO_2 + 4V \quad（加热）$$

$$V_2O_5 + 5Ca \longrightarrow 5CaO + 2V \quad（加热）$$

$$V_2O_5 + 10Al \longrightarrow 5Al_2O_3 + 6V \quad（加热）$$

V_2O_5在高温下与水蒸气作用生成挥发性的钒化合物：

$$V_2O_5 + 2H_2O \longrightarrow V_2O_3(OH)_4 \quad（500 \sim 600℃）$$

$$V_2O_5 + 3H_2O \longrightarrow 2VO(OH)_3 \quad（639 \sim 899℃）$$

将熔融的 V_2O_5 注入水中可制备 V_2O_5 溶胶，在应用及制备二氧化钒上具有一定的意义。

V_2O_5可用偏钒酸铵在空气中于500℃左右分解制得。V_2O_5是最重要的钒氧化物，工业上用量最大。工业五氧化二钒的生产常用含钒矿石、钒渣、含碳的油灰渣等提取，制得粉状或片状五氧化二钒。V_2O_5大量作为制取钒合金的原料，少量作为催化剂。

V_2O_5是最重要的钒氧化物，工业上用量最大。早在20世纪以前，人们就已经知道了V_2O_5的存在。20世纪40年代前V_2O_5的胶体形态就已广为人知，其棍状胶体更是被普遍用于流体动力学研究。近年来，对作为功能材料的V_2O_5的研究已经受到了广泛的重视，它的溶胶-凝胶制备技术也取得了鼓舞人心的进步。具有层状结构的V_2O_5凝胶膜显示出有趣的电子、离子、电化学性质，此外，V_2O_5还具有光电导性质。根据这些性质开展的应用研究也取得了长足的进步，例如，V_2O_5可作普通离子吸收基质材料、湿敏传感器、微电池、电致变色显示材料、智能窗、滤色片、热辐射检测材料或光学记忆材料等。V_2O_5的应用前景有以下方面：

（1）（红外）辐射测热计、热敏电阻。由于过渡金属氧化物的电阻温度系数 TCR 较高，因此这类氧化物是较好的热敏电阻材料。为了便于应用，氧化物的熔点越低越好，除

了 V_2O_5 很难找到其他更低熔点的过渡金属氧化物。V_2O_5 是较理想的一种热敏电阻材料，它的电阻率随温度变化率较高，一般达 2.5%/℃。

（2）离子吸收基质材料（$V_2O_5 \cdot nH_2O$）。例如利用它的离子吸收特性可将 V_2O_5 制成锂电池的阴极材料，或用它的离子吸收特性制成电致变色显示材料的阴极。

（3）抗静电涂层。由于 $V_2O_5 \cdot nH_2O$ 膜的电导比非水化的 V_2O_5 电导要高 1000 倍，因此适合于制作抗静电涂层。

（4）用作湿敏材料。$V_2O_5 \cdot nH_2O$ 电阻率对湿度敏感。

（5）透明导电材料。利用 V_2O_5 薄膜既透明又导电的性质，例如可制成电冰箱除霜材料，汽车玻璃、窗户玻璃的除霜材料等。

（6）化学传感器。

（7）非线性或线性电阻材料。

（8）高温液态二极管、滤色镜等。

V_2O_5 有毒性，在国际化学剧毒品名录中排列第 43 位，其毒性主要是对呼吸道有刺激，引起鼻黏膜充血。如果过多地吸入了粉状的五氧化二钒，有头昏、恶心等感觉，擤鼻涕时可能会带有血丝。如果 V_2O_5 中毒，离开了现场症状自然得到缓解，休息一两天一般自然恢复，不需治疗。在国内没有对五氧化二钒毒性检测的规程，但《五氧化二钒》（YB/T 5304—2011）明确其为剧毒物质，生产过程需要在省级安监部门办理安全生产许可证。

任务 2.3　钒　酸　盐

【学习目标】

（1）了解钒的铵盐的性质；

（2）熟悉钒的钠盐的性质。

【任务描述】

钒酸盐在钒制品的生产中具有非常重要的作用，是生产五氧化二钒的重要中间产品，其物理化学性质直接影响五氧化二钒的生产。本任务主要介绍各种钒酸盐的物理化学性质。

2.3.1　钒酸的性质

钒是 d 区过渡元素，化合物比较复杂，其酸有偏钒酸（HVO_3）、正钒酸（H_3VO_4）、焦钒酸（$H_4V_2O_7$，$H_3V_3O_9$）等。铋、钙、镉、铬、钴、铜、铁、铅、镁、锰、镍、钾、银、钠、锡和锌等元素均能生成钒酸盐。

钒酸具有较强的缩合能力。在碱性钒酸盐溶液酸化时，将发生一系列的水解-缩合反应，形成不同组成的同多酸及其盐，并与溶液的钒浓度和 pH 值有关，随着 pH 值的下降，聚合度增大，溶液颜色逐渐加深，从无色到黄色再到深红色。通常二价钒盐呈紫色，三价钒盐呈绿色，四价钒盐呈浅蓝色，四价钒的碱性衍生物常是棕色或黑色，钒盐的颜色会随化合价的变化而改变，如图 2-6 所示。

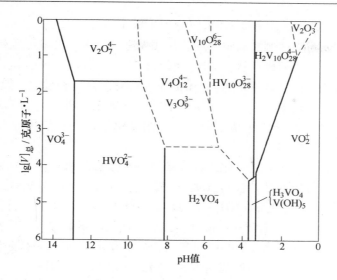

图 2-6 溶液中钒的离子状态图

在强碱性（pH 值为 11 ~ 14）溶液中，钒以正四面体型的正钒酸根离子 VO_4^{3-} 的形式存在；加酸降低 pH 值时，这个离子加合质子，并聚合生成了在溶液中很大数目的不同含氧离子：在 pH 值为 10 ~ 12 时，以二钒酸根 $V_2O_7^{4-}$ 离子（或称之为焦钒酸根离子）形式存在，当 pH 值下降到 9 左右时，进一步缩合成四钒酸根 $V_4O_4^{4-}$ 离子；pH 值继续下降，将进一步缩合成多聚钒酸根离子；在 pH 值为 2 左右，缩合的多钒酸根离子遭到破坏，水合的五氧化二钒沉淀析出。在极强酸的存在下这个水合氧化物即溶解并生成比较复杂的离子，直到在 pH 值小于 1 时，生成 VO_2^+ 离子的形式存在于溶液中。在不同的 pH 值条件下结晶出来许多固体化合物，但是这些化合物并不一定具有相同的结构，并且水合程度也不一样。

钒的含氧酸在水溶液中形成钒酸根阴离子或钒氧基离子，它能以多种聚集态存在，使之形成各种组成的钒氧化合物，其性质对钒的生产极为重要。

钒酸根离子也能与其他酸根离子，如钨、磷、砷、硅等的酸根生成复盐（络合物）。由于缩合在一起的酸单元不止一个，所以这些化合物叫杂多酸，这也构成了钒酸盐杂质的来源之一。

2.3.2 钒的铵盐

偏钒酸铵（NH_4VO_3）是白色或带淡黄色的结晶粉末（如图 2-7 所示），微溶于冷水、热乙醇和乙醚，溶于热水及稀氢氧化铵。在水中的溶解度较小，在 20℃ 时为 0.48g/100g，50℃ 时为 1.78g/100g，随温度升高而增大，空气中灼烧时变成五氧化二钒。在真

图 2-7 偏钒酸铵

空中加热到135℃开始分解，超过210℃时分解生成 V_2O_4 和 V_2O_5。

偏钒酸铵有毒。粉尘能刺激眼睛、皮肤和呼吸道。吸入和口服可致死亡。吸入引起咳嗽、胸痛、口中金属味和精神症状。对肝、肾有损害。皮肤接触可引起荨麻疹；对环境有危害，对水体可造成污染（环境危害）；本品不燃，有毒，具刺激性（燃爆危险）。

偏钒酸铵是提炼钒的中间产品，主要用于制取五氧化二钒（粉状或片状），再进一步生产金属钒、钒铁合金和其他钒基合金，也可用做化学试剂、催化剂、催干剂、媒染剂等。陶瓷工业广泛用作釉料。

除了偏钒酸铵，工业生产五氧化二钒，采用酸性铵盐沉钒，在不同钒浓度和 pH 沉钒条件下，得到的是五价钒的多种铵盐（如 $(NH_4)_2V_4O_{11}$，$(NH_4)_2V_6O_{16}$，$(NH_4)_2V_6O_{17}$，$(NH_4)_4V_{10}O_{27}$，$(NH_4)_6V_{10}O_{33}$，$(NH_4)_{12}V_4O_{31}$，$(NH_4)_6V_{14}O_{38}$，$(NH_4)_{10}V_{18}O_{40}$，$(NH_4)_6V_{20}O_{53}$，$(NH_4)_8V_{26}O_{69}$ 等），通常称为橙红色或橘黄色的多钒酸铵（APV），也称"黄饼"，如图2-8所示，是制取五氧化二钒的中间产品。APV 在水中的溶解度较小，随着温度的升高，溶解度降低。APV 在空气中煅烧脱铵后，得到工业五氧化二钒。

2.3.3 钒的钠盐

钒的钠盐有正钒酸钠（Na_3VO_4）、焦钒酸钠（$Na_4V_2O_7$）、偏钒酸钠（$NaVO_3$）、钒青铜（化合物中同时含有四价钒和五价钒的化合物，包括 NaV_6O_{15}，通式为 $Na_2O \cdot xV_2O_4 \cdot (6-x)V_2O_5$，$x = 0.85 \sim 1.0$；$Na_8V_{24}O_{23}$，通式为 $5Na_2O \cdot xV_2O_4 \cdot (12-x)V_2O_5$，$x = 0 \sim 2$）五种化合物存在。

偏钒酸钠（$NaVO_3$）是白色结晶性粉末（如图2-9所示），易溶于水，是通用试剂，用作分析试剂、照相业、媒染剂、制药工业、制钒触媒、钒合金等，现在每公斤价格为160元。偏钒酸钠因其易溶于水的性质是五氧化二钒生产中非常重要的中间产物。

图2-8　多钒酸铵

图2-9　偏钒酸钠

钒酸盐 $Na_2V_{12}O_{31}$ 和 NaV_3O_8 被称为钒青铜，钒青铜和可溶性钒酸盐之间的转变具有可逆性。在高温下，偏钒酸钠冷却到500℃结晶时脱出一部分氧生成钒青铜，同时含有四价钒和五价钒的化合物，条件不同得到不同的产物，它们都不溶解于水，因此这两种钒酸盐在水浸过程中是不希望出现的。

四价钒的钠盐有 Na_2VO_3 和 $Na_2V_2O_5$，属于四方晶系，不溶于水，溶于稀硫酸。

三价钒的钠盐有 $NaVO_2$，属于六方晶系。

2.3.4 其他钒酸盐

2.3.4.1 钒酸钙

$CaO-V_2O_5$ 体系中主要有偏钒酸钙（$CaO \cdot V_2O_5$），焦钒酸钙（$2CaO \cdot V_2O_5$），正钒酸钙（$3CaO \cdot V_2O_5$）三种钒酸钙，熔点分别为 778℃，1015℃，1380℃。钒酸钙在水中溶解度都很小，但溶解于稀硫酸和碱溶液。因此，五氧化二钒生产中，若得到大量钒酸钙就不能用水浸，只能考虑酸浸或碱浸。

$CaO-V_2O_5$ 体系中可能另有三种：四钒酸钙（$Ca_7V_4O_{17}$），熔点 1100℃；聚合钒酸钙（$Ca_4V_2O_9$），熔点 1250℃；聚合钒酸钙（$Ca_5V_2O_{10}$），熔点 700～1300℃。

四价钒的钙盐有 CaV_2O_5，$CaVO_3$，存在含有四价钒的钙钒青铜（$Ca_xV_2O_5$）（$0.17 \leqslant x \leqslant 0.33$），如 $CaO \cdot V_2O_4 \cdot 5V_2O_5$。

2.3.4.2 钒酸镁

$MgO-V_2O_5$ 体系比较复杂，通常认为最主要的钒酸镁有三种：

（1）偏钒酸镁（$MgO \cdot V_2O_5$），熔点 742～760℃；

（2）焦钒酸镁（$2MgO \cdot V_2O_5$），熔点 950～980℃；

（3）正钒酸镁（$3MgO \cdot V_2O_5$），熔点 1074～1212℃。

它们均在水中溶解，且随着温度升高溶解度增大。

2.3.4.3 钒酸铁

$Fe_2O_3-V_2O_5$ 体系中，有两种钒酸铁：

（1）正钒酸铁 $FeVO_4$。当温度在 870～880℃ 时，它分解成液态的 V_2O_5 和固态的 Fe_2O_3。

（2）$Fe_2O_3 \cdot 2V_2O_5$。它在 700℃ 时分解为正钒酸铁（$FeVO_4$）和熔融物。

四价钒也有铁的钒青铜 $Fe_2O_3 \cdot V_2O_4 \cdot V_2O_5$，450℃ 开始氧化得到 $Fe_2O_3 \cdot 2V_2O_5$。

三价钒与 FeO 可生成钒尖晶石 $FeO \cdot V_2O_3$，密度为 $4.89g/cm^3$，属立方晶系。在含钒矿物钛磁铁矿和钒渣中，钒主要以三价钒的状态存在于这种尖晶石中。

2.3.4.4 钒酸锰

$MnO-V_2O_5$ 体系中，存在正钒酸锰 $[Mn_3(VO_4)_2]$、焦钒酸锰（$Mn_2V_2O_7$）、偏钒酸锰 $[Mn(VO_3)_2]$ 三种钒酸锰。后两者的熔点分别为 1023℃ 和 805℃。正钒酸锰不稳定，在高温空气加热条件下分解为焦钒酸锰（$Mn_2V_2O_7$）和 Mn_2O_3。

四价钒与 MnO 生成 $MnO \cdot 3VO_2$。

三价钒与 MnO 生成锰钒尖晶石（$MnO \cdot V_2O_3$），密度为 $4.76g/cm^3$。

2.3.5　钒酸盐的用途

钒酸盐可用作化学试剂、催化剂、媒染剂以及作为制造五氧化二钒或钒铁的原料等。其中钒化合物作为催化剂使用的有 V_2O_5、V_2O_3、偏钒酸铵（NH_4VO_3）、偏钒酸钠（$NaVO_3$）、偏钒酸钾（KVO_3）、多钒酸铵、三氯氧钒（$VOCl_3$）、多钒酸铵钠 [$2(NH_4)_2O \cdot Na_2O \cdot 5V_2O_5 \cdot 15H_2O$]、草酸氧钒 [$VO(C_2O_4)$]、甲酸氧钒 [$VO(HCOO)_2$]、磷酸氧钒和钙、锌等的钒酸盐等。

偏钒酸铵用作催化剂、陶瓷着色剂、显影剂、防腐蚀剂、干燥剂使用效果好。

钒酸盐颜料不仅有色彩与装饰作用，而且有提高涂膜强度、防腐、耐光、耐候等特殊性能，如示温涂料可指示表面温度。

钒酸盐在玻璃和搪瓷工业应用方面：可利用其制成各种有色玻璃，吸收紫外线辐射的玻璃、瓷涂层的彩色珐琅等。

钒酸盐在照相和电影业中用于显影剂、感光剂及着色剂。

任务 2.4　钒的合金

【学习目标】

（1）了解钒铝合金、碳化钒的性质；

（2）熟悉钒铁合金、氮化钒的性质。

【任务描述】

钒的合金种类很多，如 FeV、VN、VC 等，是重要的钒产品，主要作为合金添加剂改善材料的性能。本任务主要介绍钒二元合金和非金属合金的性质。

2.4.1　二元钒合金

2.4.1.1　钒铁

钒铁合金常温下为灰黑色金属。V-Fe 化合物为正方晶系，晶格常数为 $a = 0.895nm$，$c = 0.462nm$，$c{:}a = 0.516$。钒和铁之间可形成连续的固溶体，最低共熔点为 1468℃（含 V31%）。图 2-10 所示为 50 钒铁，图 2-11 所示为 80 钒铁。

钒铁在钢铁工业中用作合金剂，以调整钢的成分，改善其组织结构、热锻性、强度、耐磨性、塑性和焊接性。其中 FeV80（高钒铁）除作合金添加剂外，还用作有色合金的添加剂。

2.4.1.2　钒铝

V-Al 合金常温下为银灰色金属。钒铝合金是制造钛合金的原料，其中钛合金中应用最多的合金 Ti6Al4V 是用含钒 48%，54% 或 65% 的钒铝合金生产的；也可以用于炼制不含铁的超纯度的钒。由于钛和钛合金主要用于航空、航天工业，因此对其性质要求非常严

图 2-10　50 钒铁

图 2-11　80 钒铁

格，对添加在其中的钒铝合金要求更高，不光要求钒铝合金的成分均匀，而且其中的有害微量元素、氧化物、氮化物的含量，特别是高熔点金属含量要尽量少。钒铝合金还广泛用于石油、化工、冶金等领域。图 2-12 所示为普通级钒铝合金，图 2-13 所示为航空航天级钒铝合金。

图 2-12　普通级钒铝合金

图 2-13　航空航天级钒铝合金

V-Al 化合物有 VAl3，VAl11，VAl6，V5Al8 等不同的晶系。

（1）VAl3：正方晶格，晶格常数 $a = 0.5345nm$，$c = 0.8322nm$，$c:a = 1.577$。

（2）VAl11：面心立方晶格，晶格常数 $a = 1.4586nm$。

（3）VAl6：六方晶格，晶格常数 $a = 0.7718nm$，$c = 1.715nm$。

（4）V5Al8：体心立方晶格，晶格常数 $a = 0.9270nm$。

钒合金的密度及熔化温度见表 2-2。

表 2-2　钒合金的密度及熔化温度

合金	主要成分/%				密度 /g·cm^{-3}	熔化温度 /℃
	V	Al	Si	C		
FeV40	45 ~ 55	<4.0	<2.0	<0.2	6.7	1450
FeV60	50 ~ 65	2.0	1.5	0.15	7.0	1450 ~ 1600
FeV80	78 ~ 82	1.5	1.5	0.15	6.4	1680 ~ 1800

合 金	主要成分/%				密度 /g·cm^{-3}	熔化温度 /℃
	V	Al	Si	C		
V99	>99	<0.01	<0.1	<0.06	6.1	1910
V80Al	75~85	15~20	0.4	0.05	5.2	1850~1870
V40Al	40~45	55~60	0.3	0.1	3.8	1500~1600

2.4.2　钒的二元非金属化合物

钒的主要二元非金属化合物的性质见表 2-3。

表 2-3　钒的主要二元非金属化合物的性质

名 称	分子式	颜色	熔点/℃	密度/g·cm^{-3}	结 构
碳化物	V_2C	暗黑	2200	5.665	立方
	VC	暗黑	2830	5.649	立方
氮化物	VN	灰紫	2050	6.04	立方
硅化物	V_3Si		1350	5.67	立方
	V_5Si_3		2150	4.8	六方
	VSi_2		1750	4.7	六方

2.4.2.1　氮化钒

氮化钒不溶于水,在碱性条件下反应可放出氮气,可被沸腾硝酸液腐蚀。氮化钒为黑色立方结晶粉末,其相对密度为 6.13g/cm^3,熔点为 2360℃,显微硬度为 1310kg/mm^2,电阻率为 85μΩ·cm,转换点温度为 7.5K,热导率为 11.3W/(m·K),热膨胀系数为 8.1×10^{-6}K^{-1}。图 2-14 所示为氮化钒产品。

氮化钒可用氮气-氢气混合气与四氯化钒在 1400~1600℃下反应制得;或用氨气(NH$_3$)与偏钒酸铵(NH$_4$VO$_3$)在 1000~1100℃下反应制得。将化学计量的碳和五氧化二钒充分混合,在氯气气氛中于 1250℃下进行还原氮化反应,即可制得氮化钒。

图 2-14　氮化钒

钒氮合金与钒铁相比能更有效地强化和细化晶粒,比使用钒铁节约 30%~50% 的钒,对提高钢的强度、降低炼钢成本有很大作用,是新型高效的钒合金添加剂,可用于生产高强度焊接钢筋、非调质钢、高速工具钢、高强度管线钢等高强度低合金钢产品。氮化钒是比高钒铁更优的炼钢添加剂,用氮化钒作添加剂,氮化钒中的氮成分可促进热加工后钒的沉淀,使沉淀颗粒更细小,从而更好地改善钢的焊接性和成形性。氮化钒可用作硬质合金原料，生产耐磨和半导体薄膜。

2.4.2.2　碳化钒

钒与碳可生成 VC 和 V_2C，能制出中间组成的碳化物。

呈深黑色的 VC（含 C19.08%）存在于 43%～49% C 间，为面心立方晶格。VC 可以在电炉中用碳还原氧化钒或在高真空下于 1300℃ 由钒与碳直接反应制得。

V_2C（含 C10.54%）存在于 29.1%～33.3% C 间，为密排六方晶格，在 1850℃ 时分解。

VC 和 V_2C 的化学性质较稳定，低温下仅能与硝酸反应，500℃ 才能与氯气生成 VCl_4。VC 和 V_2C 的硬度都很大，工业上可用于制造切削工具。

2.4.2.3　钒的氢化物

钒能溶解氢，生成钒的氢化物，钒的氢化物为灰色金属物质，金属钒吸氢后，晶格膨胀，变脆。在真空中加热到 600～700℃，钒的氢化物分解，随着氢的释出，钒的硬度降低并恢复塑性性能。钒的氢化物不与水反应，也不与煮沸的盐酸作用，但被硝酸氧化。

钒的氢化物用于贮氢合金，由于贮氢量很大，是很有应用前景的化合物。

2.4.2.4　钒的硼化物

目前已经确定的钒的硼化物有 VB_2，V_3B_4，VB_4，V_3S_2。利用 V_2O_3 与硼用碳还原可得到硼化物。VB_2 是十分稳定的化合物，溶于硝酸和高氯酸，加热时除草酸外，溶于一切已知酸。硼化物易在空气中氧化，VB_2 开始在空气中氧化的温度为 1100℃。

【知识拓展 2.2】 钒的毒性

钒是人体内必需的微量元素之一，对人体的正常代谢起促进作用。钒在人体内不易蓄积（但每天摄入 10mg 以上或每克食物中含钒 10～20μg，可发生中毒），故人一般只发生急性中毒。

从生物角度看，钒是一个很重要的元素。已知钒有助于生物固氮的功能，由于发现海藻中钒卤化物过氧化酶的作用，曾掀起过对它研究的热潮，由于它可形成酶-钒盐酸的中间体，故钒酸盐在细胞内易被还原成四价态，以 VO^{2+} 存在。而在胞外、动物体液内，易被空气氧化成五价，以 VO_3^- 存在。在细胞中钒可促进细胞的磷酸化及解磷酸化过程，控制许多酶的活性，并参与自由基的再生。

研究认为钒在体内有抗癌作用。研究表明，谷胱甘肽 S 传递酶（CST）是癌的解毒酶，在就微量元素喂养实验的筛选中，饮用含 NH_4VO_3 的水，在实验鼠的肝、肾内部的黏膜中，发现谷胱甘肽及 CST 的活性都有明显的提高，由此认为钒具有抗癌的作用。

钒本身无毒，形成化合物才有毒。钒的化合物属中等至高毒性物质，随化合物价态升高而毒性增大，其中五价钒的毒性最大。如 5 价钒的毒性比 3 价钒的毒性大 3～5 倍，五氧化二钒与它的盐类毒性最大（那些没有任何污染处理设施的不良商贩生产的就是五氧化二钒）。

五氧化二钒进入人体后会自然排出，平时工作中要做好防护，如必要时戴口罩。在岗工人应注意个人防护，穿工作服，戴防尘口罩，工作后淋浴，定期接受体检。作业场所应加强通风排毒，作业人员戴好防毒口罩。

【想一想　练一练】

选择题

2-4-1　钒呈（　　）。

　　A. 银灰色　　　　　　B. 白色　　　　　　C. 黑色　　　　　　D. 银白色

2-4-2　三氧化二钒几乎不溶于（　　）。

　　A. HNO_3　　　　　　B. 水　　　　　　C. HF　　　　　　D. 碱

2-4-3　二氧化钒（VO_2 或 V_2O_4）是（　　）晶体粉末。

　　A. 银灰色　　　　　　B. 灰黑色　　　　　　C. 深蓝色　　　　　　D. 银白色

2-4-4　（　　）是一种具有相变性质的金属氧化物，具有金属-非金属转变的性质。

　　A. V_2O_2　　　　　　B. VO_2　　　　　　C. V_2O_5　　　　　　D. $VOCl_3$

2-4-5　V_2O_5，VO_2，V_2O_3，VO 的颜色依次为（　　）。

　　A. 蓝、灰黑、灰、橙黄　　　　　　　　B. 橙黄、蓝、灰黑、灰

　　C. 橙黄、蓝、灰、灰黑

填空题

2-4-6　钒在化合物中最稳定的化合价是＿＿＿＿＿＿＿。

2-4-7　温度超过 800℃ 时，钒与氮反应生成＿＿＿＿＿＿。温度在 800~1100℃ 时钒与碳生成＿＿＿＿＿＿。

2-4-8　三氧化二钒是＿＿＿＿＿＿有光泽的结晶粉末。

2-4-9　V_2O_5 有＿＿＿＿＿＿和＿＿＿＿＿＿两种形态，因在富氧和缺氧的加热条件下而得到不同的形态。

2-4-10　偏钒酸钠的化学式是＿＿＿＿＿＿，偏钒酸铵的化学式是＿＿＿＿＿＿。

2-4-11　工业上通常称橙红色或橘黄色的多钒酸铵（APV）为＿＿＿＿＿＿。

判断题

2-4-12　钒的熔点很高，接近 1900℃，与铌、钽、钨、钼统称为难熔金属。（　　）

2-4-13　钒在 180℃ 温度下钒与氯作用生成三氯氧钒（$VOCl_3$）。（　　）

2-4-14　V_2O_3 是酸性氧化物。（　　）

2-4-15　五氧化二钒（V_2O_5）是一种无味、无嗅、无毒的橙黄色或红棕色的固体。（　　）

2-4-16　偏钒酸铵是提炼钒的中间产品，主要用于制取五氧化二钒。（　　）

简答题

2-4-17　工业上钒有哪些氧化物？它们有哪些性质？

2-4-18　工业上如何制取 V_2O_3？

2-4-19　简述 V_2O_5 的制取方法。

2-4-20　简述 V_2O_5 的主要化学性质。

2-4-21　简述偏钒酸铵的性质。

2-4-22　简述氮化钒的制取方法。

项目3 钒渣的生产

任务3.1 钒的提取方法

【学习目标】

（1）了解钒渣的主要生产方法；

（2）掌握钒渣的主要成分及性质。

【任务描述】

钒是伴生矿，提钒的过程就是使钒逐步富集的过程。要将钒元素从矿物中提取出来，现有的方法有火法提钒和湿法提钒两种。本任务主要介绍金属钒的性质、火法提钒和湿法提钒的基本方法和各自的优缺点。

钒渣是其他钒制品如五氧化二钒、三氧化二钒、钒铁、氮化钒等的原料。下面讨论从含钒矿物中生产钒渣的各种方法。

3.1.1 含钒铁矿直接提钒

从含钒铁矿直接提钒的方法也称湿法提钒或水法提钒，其方法是将破碎精选后含钒较高的钒钛磁铁矿精矿粉（V_2O_5 的质量分数可达 1%~2%），与芒硝混合制球后装入窑中，在 1200℃的高温下焙烧，精矿粉中钒与芒硝作用，钒转化为可溶性钒酸钠；再将焙烧好的球团矿浸入水中，使钒酸钠充分溶解；加入硫酸，钒酸钠再转化为不溶于水的 V_2O_5，经沉淀、过滤后，即作为制作钒铁合金的工业原料。其生产流程如图 3-1 所示。

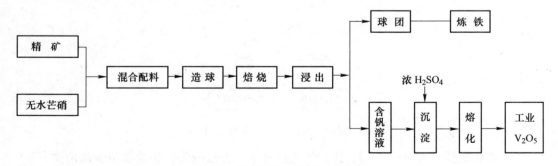

图 3-1　湿法提钒工艺流程示意图

湿法提钒的优点为原料处理简单，钒回收效率高，从精矿到 V_2O_5 的回收率达 80%以上。但具有处理物料量大、设备投资大、焙烧温度（1200℃以上）动力及辅助原料消耗大、不能回收铁等缺点。

世界上使用湿法提钒进行提钒生产的主要有南非的海威尔德公司、芬兰（1987 年已停产）、澳大利亚等。

3.1.2　钒渣提钒

将含钒磁铁矿通过火法冶金得到含钒铁水，再经氧化得到不纯的低价氧化钒化合物即含钒炉渣。所谓不纯的低价氧化钒化合物就是指转炉钒渣，简称钒渣，它其实是一种含有三氧化二钒、四氧化二钒、五氧化二钒的炉渣。这种使钒被富集得到钒渣的提钒方法就是钒渣提钒，该过程因涉及火法冶金过程又被称为火法提钒。得到的钒渣可作为生产其他钒制品的原料，提取钒渣后的铁水称为半钢，还可进一步冶炼成钢。火法提钒的工艺流程如图 3-2 所示。

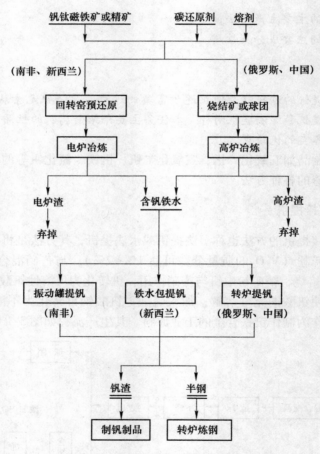

图 3-2　火法提钒工艺流程图

因冶炼含钒铁水方法的不同，我们将火法提钒的方法分为高炉法和电炉法两类。

（1）高炉法：主要流程是用钒钛磁铁矿的烧结矿，在高炉中冶炼出含钒铁水，然后将含钒铁水兑入转炉内吹炼出钒渣，使用这种方法的有俄罗斯和中国。

（2）电炉法：先通过电炉将钒钛磁铁矿预还原为金属化球团，再在电炉内冶炼出含钒铁水，在摇包（南非）或铁水包（新西兰）内，通入氧化性气体（如氧气、空气），使铁水中的钒氧化出来，得到钒渣。

火法提钒的优点是：钒渣作为提取 V_2O_5 原料，钒含量高；处理量少；可回收铁；焙烧温度低，只有 800℃ 左右，动力和辅助材料消量也少。但此方法钒的回收率较低，从精矿粉到 V_2O_5 回收率只为 60%~70%。

3.1.3　从其他含钒资源中提钒

3.1.3.1　从钾钒铀矿提取钒

美国科罗拉多高原有钾钒铀矿物，含 V_2O_5 的质量分数平均为 2.955%，U 的质量分数为 0.2%~0.4%。该矿以生产铀为主，副产 V_2O_5。联合碳化物公司、科特矿物公司、原子能原料公司等使用该矿。采取的工艺是加盐焙烧后，经酸浸或碱浸，再用离子交换或萃取法回收铀和 V_2O_5；也可直接酸浸，每吨矿石硫酸用量 50~150kg。对含钙高的矿石，加盐焙烧后，用纯碱浸取。

3.1.3.2　从碳质含钒原料中提取钒

石油及其加工的产物、碳质页岩、石煤等矿物中都含有钒。如加拿大的蒙特利尔和委内瑞拉、墨西哥等地产的石油中含有 V_2O_5（质量分数为 0.02%~0.06%）。重油、石油焦及其燃烧灰渣中使钒得到富集，可直接从石油或石油加工产物中提钒。秘鲁、阿根廷的沥青矿燃烧灰可作为提钒原料，其含有 V_2O_5，质量分数为 5%~35%，可直接酸浸，酸浸液氧化后沉钒制取 V_2O_5。美国和中国的碳质页岩或石煤中含有质量分数为 1% 左右的 V_2O_5，这些原料可用酸浸法、加盐焙烧法等多种方法提取 V_2O_5。

3.1.3.3　从磷酸盐矿中提取钒

美国爱达荷州、蒙大拿州、怀俄明州和犹他州等州的磷矿中含有质量分数为 24%~32% 的 P_2O_5 和质量分数为 0.15%~0.35% 的 V。在用电炉法生产磷肥时，钒进入磷铁中。克尔·麦吉公司利用含 V 质量分数为 3%~5% 的磷铁为原料采用加盐焙烧法，用酸浸取，浓缩分离出磷酸钠，沉淀先加入石灰乳分离磷酸钙，再沉淀出 V_2O_5。

俄罗斯也有大量的磷酸盐矿，用以制磷肥并得到磷铁，磷铁成分为 $w(V) = 1.8\%~3.5\%$，$w(P) = 20\%~23\%$，Si 痕量，其余为铁。先将磷铁在 10t 转炉上吹炼成钒渣，钒渣平均成分 $w(V_2O_5) = 20\%~25\%$，$w(P_2O_5) = 20\%~30\%$，$w(MnO) = 12\%~18\%$，$w(SiO_2) = 4\%~8\%$，TFe $= 15\%~20\%$，$w(CaO) = 1\%~2\%$，$w(MgO) = 3\%~5\%$。以磷钒渣为原料苏打焙烧，水浸制取了富钒液使 V_2O_5 的质量浓度达到 40~50g/L，用氯化钙净化除磷后，溶液含 P 质量浓度降至 0.002~0.03g/L。然后进行水解沉钒，制取 V_2O_5。

3.1.3.4　从铝土矿中提取钒

俄罗斯和美国一些铝土矿中，$w(V_2O_5) = 0.1\%$ 左右，在生产氧化铝时，30%~40% 的钒浸出到溶液中，在冷却结晶时得到含钒的质量分数为 7%~15% 的原料。可用硫酸或纯碱溶解出钒，溶液净化后用沉淀法或萃取法提取 V_2O_5。

3.1.3.5　从废催化剂中提取钒

从化学和石油工业中使用过的废的钒催化剂中可回收钒, 其中平均含质量分数为 8% 左右的 V_2O_5。日本等许多国家采用焙烧法, 酸、碱浸出法等回收 V_2O_5, 同时还可回收其中的钼和镍。

3.1.3.6　从石煤中提取钒

我国在 20 世纪 50 年代末, 还发现了在石煤中含有钒。我国的石煤资源非常丰富, 遍布 20 余省区。据估计, 我国石煤中钒的总储量, 超过世界各国钒的总储量, 而且集中在我国南方各省。但是, 我国各地的石煤中钒的品位相差悬殊, 一般为 0.13%~1.00%, 品位低于 0.5% 的占 60%。我国一般采用传统的加盐焙烧-水浸的方法提取五氧化二钒, 有的采用加石灰焙烧酸浸的方法。

3.1.3.7　从含钒钢渣中回收钒

此外, 还可以从含钒的钢渣中回收钒。含钒钢渣中, $w(V_2O_5) = 2\%~6\%$, $w(CaO) = 40\%~50\%$。这种高钙的钢渣也可作为提钒的原料。

【想一想　练一练】

填空题

3-1-1　提钒方法大致可分为两类, 即＿＿＿＿＿＿＿＿＿和＿＿＿＿＿＿＿＿＿。

3-1-2　＿＿＿＿＿＿＿＿＿＿＿＿是用钒钛磁铁矿的烧结矿, 在高炉中冶炼出含钒铁水。

3-1-3　＿＿＿＿＿＿＿＿＿＿＿＿是先将钒钛磁铁矿预还原为金属化球团, 再在电炉内冶炼出含钒铁水。

简答题

3-1-4　什么是湿法提钒?

3-1-5　什么是火法提钒?

3-1-6　试比较火法提钒和湿法提钒的优缺点?

任务 3.2　钒渣的生产方法

【学习目标】

(1) 掌握钒渣提钒的主要方法;

(2) 熟悉钒渣提钒各方法的主要特点;

(3) 能够看懂钒渣生产的工艺流程图。

【任务描述】

可用作提钒的含钒原料有很多, 以钒钛磁铁矿为主。从钒钛磁铁矿中提取钒的工艺包括火法提钒和湿法提钒, 目前广泛采用的是火法提钒。世界上采用的火法提钒方法有很多，如雾化提钒、转炉提钒、摇包提钒、铁水包提钒等，都属于氧化提钒，生产得到钒渣。本任务主要介绍雾化提钒、转炉提钒、摇包提钒、铁水包提钒等钒渣的生产方法。

3.2.1　雾化提钒

钒雾化提钒法是攀钢 1978～1995 年曾采用的从铁水吹炼钒渣的方法，其工艺流程如图 3-3 所示。炼铁厂输送来的铁水罐经过倾翻机将铁水倒入中间罐，铁水进行撇渣和整流，然后进入雾化器。雾化器外形如马蹄，在雾化器的相对两个内侧面各有一排形成一定交角的风孔。当富氧空气从风孔高速射出时，形成一个交叉带，当铁水从交叉带流过时，高速富氧流股将铁水击碎成雾状，雾状铁水和富氧空气强烈混合，使铁水和氧的反应界面急剧增大，氧化反应迅速进行。同时，压缩空气中其他成分的进入，对反应区进行有效冷却，使反应温度限制在对钒氧化有利的范围内。被击碎的雾化的铁水在反应过程中汇集到雾化室底部通过半钢出钢槽进入半钢罐，钒渣漂浮于半钢表面形成渣层，最后将半钢与钒渣分离。雾化炉结构如图 3-4 所示。

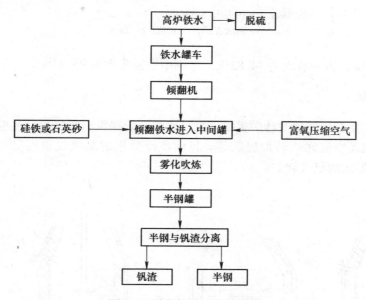

图 3-3　雾化提钒工艺流程图

雾化提钒法的特点如下：

（1）铁水被压缩空气雾化，温降大，因此雾化提钒不必加冷却剂，有时还要加硅铁氧化提温和改善流动性；

（2）工艺简单，设备投资省，炉龄高，提钒作业率高，可连续化生产；

（3）提钒时，铁的氧化较多，铁损较大；

（4）半钢温度低，渣铁分离效果差，钒渣中夹杂金属铁高。

攀钢雾化提钒法的技术指标如下：

（1）生产能力为 120t 雾化提钒炉两座，设计年产标准钒渣 7.5 万吨。

（2）铁水含钒的质量分数为 0.331%（平均值，下同），半钢含钒的质量分数为 0.07%，

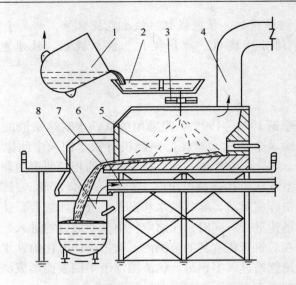

图 3-4　雾化炉示意图

1—铁水罐；2—中间罐；3—雾化器；4—烟道；5—雾化室；
6—副烟道；7—半钢罐；8—烟罩

氧化率为 78.85%，钒回收率为 74.82%。半钢中铁回收率为 95.24%。

3.2.2　转炉提钒

转炉提钒主要有氧气顶吹转炉提钒、氧气底吹转炉提钒、氧气顶底复吹转炉提钒、空气侧吹转炉提钒及空气底吹转炉提钒等。目前广泛采用的是氧气顶底复吹转炉提钒。图 3-5 所示为不同形式的氧气转炉。

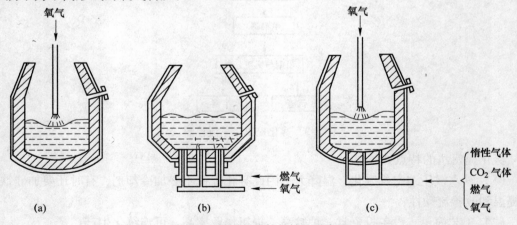

图 3-5　不同形式氧气转炉示意图

（a）顶吹法；（b）底吹法；（c）顶底复吹法

3.2.2.1　空气侧吹转炉提钒

空气侧吹转炉是利用侧吹向转炉供入空气，使转炉内铁水中的钒氧化而获得钒渣。

3.2.2.2 空气底吹转炉提钒

俄罗斯丘索夫冶金工厂用底吹空气转炉生产钒渣,有 3 座转炉,装料量为 18 ~ 22t/炉,炉膛容积为 20m³,炉壁用镁砖砌衬,炉底用硅砖砌筑。在炉底上设有 6 个黏土砖风嘴,每个风嘴都装有 7 个直径各为 2.2cm 的喷管。在 50t 铁水罐把含钒铁水在注入混铁炉之前,先将含钒高炉渣放出,返回到高炉作配料。混铁炉容量为 450t,用重油加热,铁水储存量为 200t。

底吹转炉提钒法具有以下优点:

(1)建设投资省,厂房较低,不用炉顶上部的喷枪、料仓和支撑等设置。

(2)生产效率高,成本低。吹钒时吹炼平稳,喷溅少,搅拌强度大,反应迅速,热利用率高,烟尘少。

同时底吹转炉提钒法具有终点靠时间控制和倒炉测温取样判断、挡渣劳动强度大且钒渣损失多,钒渣含金属铁高,炉底风口管道系统复杂,更换修理任务重,炉龄短,容量小,生产环境粉尘多,劳动条件差的缺点。

3.2.2.3 氧气顶吹转炉提钒法

目前世界上采用此方法提钒的厂家有俄罗斯下塔吉尔钢铁公司和中国攀钢、承钢和马钢。攀枝花钢铁(集团)公司有 2 座 120t 的氧气顶吹提钒转炉,承德钢厂有 2 座 20t 的氧气顶吹提钒转炉,马钢目前有 1 座 30t 的氧气顶吹提钒转炉。氧气顶吹转炉提钒法的工艺流程如图 3-6 所示。

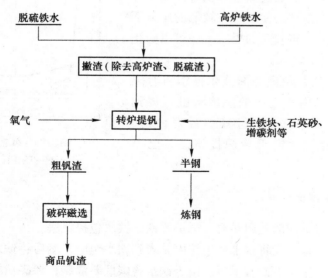

图 3-6 氧气顶吹转炉提钒的工艺流程图

氧气顶吹转炉提钒法的优点是:

(1)半钢温度高;

(2)可保证生产各种品种的钢;

(3)制取的钒渣含钒高,CaO,P 等杂质少,有利于下一步提取 V_2O_5;

（4）钒渣金属夹杂物少；

（5）炉子寿命提高；

（6）钒氧化率高。

3.2.2.4　顶底复吹转炉提钒法

为了提高熔池的搅拌强度，采用炉底吹入搅拌气体、炉顶吹氧的办法即为顶底复合吹钒工艺。钒在铁水侧扩散是钒氧化反应的限制性环节。钒氧化速度与钒浓度呈线性关系，而钒从钒渣向半钢的逆向还原位于化学反应限制环节内，钒还原速度跟温度呈指数关系。因此，为了有效脱钒，从热力学角度看，应使熔体及元素与氧化剂接触表面保持适宜的温度；从动力学角度看，加速钒在铁侧扩散传质是加快低钒铁水中钒氧化的首要条件。加强搅拌，不仅可以加快低钒铁水传质，而且还可增加反应界面，是加快钒氧化的主要手段。我国攀钢、承钢均将氧气顶吹转炉提钒改为顶底复吹转炉提钒。

3.2.3　摇包提钒

在摇包中通过吹氧使含钒铁水中的钒变为钒渣的铁水提钒工艺即为摇包提钒法。摇包也称振动罐，其结构类似于钢包，其上口带有出铁嘴，如图3-7所示。摇包也是一个反应装置，它装在振动台架上，呈水平方向摇动，从摇包上口伸入水冷氧枪，供氧吹炼提取钒渣。通过摇包的偏心摇动，可以对铁水产生良好的搅拌，使氧气在较低的压力下能够传入金属熔池，获得较高的提钒率并可以防止粘枪。

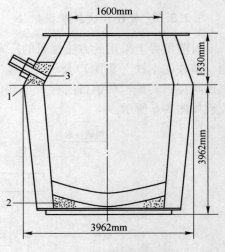

图 3-7　60t 摇包剖面图
1，2—打结层；3—托砖圈

摇包法铁水提钒是由南非海威尔德钢钒有限公司于 1968 年开始用于生产的。该法虽可得到较高的钒提取率（93.4%），但其炉衬寿命短，生产效率低，综合指标低于转炉提钒法，已不再发展。

3.2.4　铁水包吹氧提钒

新西兰钢铁公司采用的是回转窑—电炉炼铁—铁水包提钒法。

具体的冶炼方法是：先将铁水从电炉内兑入到铁水包中，然后将铁水包安放在吹钒装置下面，盖上包盖，包盖上面有烟罩。由于铁水含碳低要渗碳，渗碳后扒出熔渣。插入氧枪和氮枪，吹炼铁水，完毕后取样，用扒渣机扒出钒渣，将铁水包中的半钢送氧气顶吹转炉炼钢。整个吹炼周期为 62min，其中安放铁水包 4min，再渗碳时间 5min，扒熔渣时间 5min，吹氧时间 39min，取样时间 2min，扒钒渣时间 5min，移动铁水包时间 2min。得到的钒渣品位为含五氧化二钒的质量分数 18%～22%。

上述几种用含钒铁水提钒工艺特点比较见表 3-1。

表 3-1　几种铁水提钒法的工艺特点与冶金效果比较

铁水提钒法	生铁含钒/%	半钢余钒/%	钒氧化率/%	半钢含碳/%	半钢温度/℃	半钢收得率/%	渣中五氧化二钒/%	渣中TFe/%	钒渣状态	工艺特点	生产能力	设备投资	存在问题
氧气顶吹转炉(100t)(前苏联)	0.4	0.03~0.04	90	3.57~3.80	<1420	94~95	14	38~40	干稠状	可控性好，技术经济指标稳定，工艺操作简单	生产率高适应大型钢铁联合企业	设备复杂，投资高	易粘氧枪，冷却量大
摇包(60t)(南非)	约1.10	约0.07	约94	3.17	<1.400	93	27.8	33	干粉状	可控性好，技术经济指标稳定	生产率低适应中小企业	设备复杂	炉龄短，大型化困难
空气底吹转炉(20t)(前苏联)	0.4	0.03~0.04	89	3.50	<1400	89	14	35~38	小球状	可控性好，技术经济指标稳定，工艺操作简单	生产率高，适应中型钢铁企业	设备简单，投资省	大型化困难
雾化炉(120t/h)(中国)	0.3~0.4	0.04~0.07	83~87	3.33~3.61	<1400	94	16~18	37~40	渣夹铁	工艺操作简单，技术经济指标较稳定，炉龄高	生产率高，适应大型钢铁企业	设备简单，投资省	铁水罐黏结
空气侧吹转炉(20t)(中国)	0.3	0.04	88	3.4	<1400	92	15	34	干稠状	可控性好，技术经济指标稳定	生产率低，适用中小企业	设备简单，投资省	大型化困难
铁水包(20t/h)(中国)	0.2~0.4	0.037~0.09	70~90	3.01~3.80	<1400	88	12~19	38~40	干稠状	工艺操作简单，技术经济指标欠稳定	生产率低，适用中小钢铁企业	设备简单，投资省	半钢收得率低

【想一想　练一练】

填空题

3-2-1　世界上从含钒铁水中生产钒渣的方法有_____、_____、_____、_____。

3-2-2　目前世界上从含钒铁水中生产钒渣的最主要方法是_____。

任务 3.3　钒渣的生产原理

【学习目标】

（1）了解钒渣的牌号及其化学成分；
（2）熟悉转炉提钒的基本原理、铁质初渣与金属熔体间的氧化反应；
（3）掌握转炉提钒脱钒、脱碳规律；
（4）会计算吹钒过程中实际转化温度。

【任务描述】

目前我国钒钛磁铁矿冶炼主要是用回转窑－电炉或高炉冶炼出含钒铁水，然后利用转炉吹炼提取钒渣，使钒得到富集，为下一步生产商品钒渣和炼钢提供原料。本任务介绍钒渣的主要化学成分及提取钒渣的基本原理。

3.3.1　认识"钒渣"

3.3.1.1　钒渣的基础知识

从含钒铁水中提钒的过程是为了经济、合理、工业化地从含钒矿物或含钒废料中获得高品位的钒渣和高物理热及高化学热的半钢，为下一步生产商品钒渣和炼钢提供原料。钒渣是含钒铁水在吹炼过程中产生的炉渣。钒渣是钒的初级产品，含五氧化二钒 16% ~ 30%，是冶炼和制取钒合金和金属钒的原料。

目前世界上含钒铁水绝大部分由高炉冶炼，也有用电炉生产的。用含钒铁水生产钒渣的方法主要有氧气顶吹转炉提钒、摇包提钒和雾化提钒等工艺。世界钒需求量的 80% 来自钒钛磁铁矿，钒资源丰富的国家有南非、美国、中国、前苏联和东欧诸国。中国的钒渣主要由攀枝花钢铁公司生产，其产量约占全国钒渣产量的 80%。

含钒铁水提钒的主要任务有以下几个：
（1）把含钒铁水吹炼成高碳含量并满足下一步炼钢要求的半钢；
（2）最大限度地把铁水中的钒氧化使其进入钒渣；
（3）通过提钒得到适合于下一步提取五氧化二钒要求的钒渣；
（4）铁的损耗要降至最低限度，即半钢的收得率要高，降低钒渣生产成本。

钒渣中的钒主要以钒铁尖晶石（$FeO \cdot V_2O_3$）的形式存在。实际生产中钒渣钒含量的高低通常是用五氧化二钒含量来表示，这并不表示钒渣中的钒是以五氧化二钒的形式存在，只是国际惯例而已。钒渣的成分（质量分数）为：氧化钒16%~30%，氧化硅10%~24%，氧化锰6%~14%，氧化铬1%~12%，氧化钛6%~14%，氧化钙0.3%~30.0%，金属铁2%~20%，其余大部分为氧化铁；钒渣的矿物成分（质量分数）为：尖晶石40%~70%，玻璃2%~10%，其余为辉石和橄榄石。其中尖晶石晶粒具有规则的几何形状，晶粒尺寸为25~80μm，尖晶石颗粒的大小主要取决于生产钒渣的冷却速度。所得到的钒渣可以用来生产含钒的产品，如五氧化二钒及含钒的合金。

钒渣按五氧化二钒品位分为六个牌号，其化学成分应符合表3-2的规定。

表 3-2　钒渣牌号规定

牌　号			钒渣 11	钒渣 13	钒渣 15	钒渣 17	钒渣 19	钒渣 21
代　号			FZ11	FZ13	FZ15	FZ17	FZ19	FZ21
	V_2O_5		10.0~12.0	>12.0~14.0	>14.0~16.0	>16.0~18.0	>18.0~20.0	>20.0
化学成分	P	一组	不大于	0.08				
		二组		0.35				
		三组		0.70				
	CaO	一组		1.0				
		二组		1.5				
		三组		2.5				
	SiO_2	一组		22.0				
		二组		24.0				
		三组		34.0				
		四组		40.0				

实际生产中，将提钒炼钢厂来的钒渣称为粗钒渣，经过精选后的钒渣称为精钒渣（或者钒精渣），由于精钒渣可以直接作为商品销售，因此又可以称为商品钒渣。钒渣数量的多少是用标准钒渣的多少来衡量的。标准钒渣就是五氧化二钒含量为10%、不含金属铁、水分以及其他可视机械杂物的钒渣，它是一种抽象的钒渣，实际生产中并不存在，只是为了方便统计计量而提出的一个计算名词而已。标准钒渣概念的引入，极大地方便了计算，例如，100t标准钒渣，其中含有的五氧化二钒量就是10t。

3.3.1.2　钒渣的结构

A　含钒物相（铁钒尖晶石相）

对钒渣结构的许多研究都证明了钒在钒渣中是以三价离子形式主要存在于尖晶石中的。尖晶石相是钒渣中主要含钒物相，其一般式可写成 $MeO \cdot Me_2O_3$，其中 Me^{2+} 代表 Fe^{2+}，Mg^{2+}，Mn^{2+}，Zn^{2+} 等两价元素离子；Me^{3+} 代表 Fe^{3+}，V^{3+}，Mn^{3+}，Al^{3+}，Cr^{3+} 等三价元素离子。钒渣中所含元素最多的是铁和钒，因此可称为铁钒尖晶石。纯的铁钒尖晶石熔点在1700℃左右。

用铁水提钒时，首先结晶析出的是铁钒尖晶石相，在非常缓慢的冷却过程中，钒不断进入尖晶石可达91%以上。结晶长度可达20~100μm，在氧化钠化焙烧过程中，钒尖晶石最容易分解提取，所以在生产钒渣时，应尽可能使吹炼出的新钒渣缓慢冷却，使钒尽可能转变成尖晶石，并获得较大颗粒结晶相。

B　黏结相

（1）橄榄石（Me_2SiO_4）。钒渣中主要为铁橄榄石，其熔点 1220℃，也是钒渣的主要矿相，因为它最后凝固，所以包裹在尖晶石周围，也是钒渣的黏结相。

（2）辉石（Me_2SiO_3 或 $MeSiO_3$）。对于含硅、钙、镁高的钒渣中有时还会有另一种硅酸盐（辉石）。其一般式可写成 Me_2SiO_4（或 $MeSiO_3$），式中 Me 为 Fe^{2+}，Mg^{2+}，Ca^{2+}，有时有 Na^+，Fe^{3+}，Al^{3+}，Ti^{3+} 等离子。其中钙辉石 $CaSiO_3$ 和镁辉石 $MgSiO_3$ 的熔点分别为 1540℃ 和 1577℃，$CaMg(SiO_3)_2$ 熔点 1390℃。当有大量 CaO（铁水带渣多，冷固球 CaO 超标）时，形成 $Ca_3V_2O_{8-m}$（$m = 1 \sim 2$），该物质在现有钒渣焙烧温度下难分解提取，会降低钒提取率，所以要求钒渣中（CaO）越低越好，工业上要求小于 2.5%。

（3）鳞石英 α-SiO_2。当渣中 SiO_2 低时，鳞石英少，因为 SiO_2 会与 FeO 组成 $(FeO)_2 \cdot SiO_2$。当含硅高时，钒渣中还可能存在游离的石英相 α-SiO_2。有鳞石英存在时，会伸入铁橄榄石中影响钒的提取。

C　夹杂相

主要指钒渣中的金属铁，它以两种形式存在于钒渣中。一种是以细小弥散的金属铁微粒夹杂在钒渣的物相之中；而另一种是以球滴状、网状、片状等形式夹杂在钒渣中。用肉眼可观察到夹杂在钒渣中的粒度较大的金属铁。夹杂相是评价钒渣质量的主要内容。

【知识拓展 3.1】　钒渣结构对提取 V_2O_5 的影响

钒渣的结构对钒渣下一步提取 V_2O_5 的影响主要表现在钒渣中钒的氧化速度，钒渣中钒氧化率的高低取决于钒渣中含钒尖晶石颗粒的大小和硅酸盐黏结相的多少。尖晶石结晶颗粒越大，破碎后表面增大越有利于氧化。黏结相硅酸盐相越少，包裹尖晶石程度小，越容易氧化分解破坏其包裹，使尖晶石越容易氧化。但辉石含量高的钒渣，因为其在氧化焙烧时不易分解，会影响钒焙烧，钒氧化率提高。

同时，固溶于尖晶石、硅酸盐中的杂质种类和数量对转化率也有一定的影响。

3.3.1.3　钒渣质量评价标准

钒渣的成分主要有 CaO，SiO_2，V_2O_5，TFe 和 P，罐样还包括 MFe，另外钒渣还有锰的氧化物、钛的氧化物、镁的氧化物等成分。目前评价钒渣质量的主要内容是以各成分的百分含量为主要依据。为了满足后部工序提取 V_2O_5 的需要，标准中对 V_2O_5 含量越高，CaO，P，SiO_2，MFe 等其他元素含量越低的钒渣评级越高。因此，判断钒渣质量首先是对 V_2O_5 品位进行判定，并按照其他成分的相应含量对钒渣行评级。为了提高钒的回收率，改善技术经济指标，还要求尽量降低钒渣中有害成分 CaO，SiO_2，P_2O_5 的含量，以及金属铁的含量。钒渣按五氧化二钒的品位分为 4 个牌号，见表 3-3。

表 3-3 钒渣标准（YB/T 008—2006）

品　级	V₂O₅	化　学　成　分/%								
		SiO₂			P			CaO/V₂O₅		
		一级	二级	三级	一级	二级	三级	一级	二级	三级
		不大于								
FZ1	8.0 ~ 10.0	16.0	20.0	24.0	0.13	0.30	0.50	0.11	0.16	0.22
FZ2	>10.0 ~ 14.0									
FZ3	>14.0 ~ 18.0									
FZ4	>18.0									

《钒渣》（YB/T 008—2006）中要求钒渣中的金属铁含量应不大于 19%，钒渣块度不大于 200mm。表 3-4 所列为某提钒厂钒渣的主要成分。

表 3-4 某提钒厂钒渣的主要成分

成分	CaO	SiO₂	V₂O₅	TFe	MFe	P
w/%	1.5 ~ 2.5	14 ~ 17	16 ~ 20	26 ~ 32	8 ~ 12	0.06 ~ 0.10

【知识拓展 3.2】 钒渣的化学成分对提取 V_2O_5 的影响

钒渣的各化学成分的百分含量是评价钒渣质量好坏的主要因素，也对后续生产 V_2O_5 有重大影响。

钒含量的影响：原则上，钒渣中含钒量高有利于提高其焙烧转化率。钒渣中钒的含量主要取决于铁水的钒含量及杂质（硅、锰、钛、铬等）含量，其次也与提取钒渣过程的操作制度有关（如冷却剂加入量、温度控制、终点控制条件等）。因为大量的杂质氧化和加入会降低钒渣中的含钒量。

氧化钙的影响：钙钒比指钒渣中 CaO 含量与 V_2O_5 含量的比值，它是评价钒渣质量的重要指标。钒渣中的 CaO 对焙烧转化率影响极大，因为在焙烧过程中易与 V_2O_5 生成不溶于水的钒酸钙 $CaO \cdot V_2O_5$ 或含钙的钒青铜。有研究表明，CaO 的质量分数每增加 1% 就要带来 4.7% ~ 9.0% 的 V_2O_5 损失。具体影响程度与钒渣中钒含量的多少也有关系，V/Ca 的比值越高，影响程度就小，当 V_2O_5/CaO 小于 9 时影响就比较明显。钒渣中的氧化钙的来源主要是吹钒前铁水表面的炉渣（高炉渣、电炉渣或混铁炉渣等），因此吹钒前要尽量将铁水表面的炉渣去除干净。

二氧化硅的影响：提取 V_2O_5 时钒渣中 SiO₂ 对钒渣氧化焙烧有影响，主要是按反应式 $Na_2CO_3 + SiO_2 \rightarrow Na_2SiO_3 + CO_2$ 反应生成了可溶性玻璃体，它在水中发生水解析出胶质 SiO₂ 沉淀，使 V_2O_5 浸出及浸出液澄清困难、堵塞过滤网孔，降低过滤机生产效率。当然，影响程度也和钒渣中 V/Si 的值有关。当 V_2O_5/SiO_2 小于 1 时，影响就比较明显了。钒渣中的硅主要来自铁水，其次也与冷却剂种类及加入量有关。

铁的影响：钒渣中的铁包括金属铁和氧化铁。金属铁含量过高会影响钒渣处理时的难度。同时过细的金属铁在钒渣氧化焙烧过程中，氧化反应时放出大量热量，使物料黏结。氧化铁的影响主要是少量的钒溶解于 Fe_2O_3 中造成钒损失。当 Fe_2O_3 的质量分数超过 70%

时影响明显。钒渣中的铁含量与铁水提取钒渣的方法、过程的温度操作制度、渣铁分离方法等因素有关。

磷的影响：钒渣中磷的来源主要是铁水。钒渣中的磷主要影响在于焙烧过程中磷与钠盐反应生成溶于水的磷酸盐，被浸出到溶液中，磷对钒的沉淀影响极大，同时也影响产品的质量。

锰的影响：钒渣中的锰主要来自铁水。实践表明，锰的化合物是水浸熟料时生成"红褐色"薄膜的原因之一，这将使过滤十分困难。同时，部分锰将转入 V_2O_5 的熔片中，以后进入钒铁，这将影响对锰含量要求严格的钢种质量。《钒渣》（YB/T 008—2006）对锰没有限制，但俄罗斯限制钒渣中 MnO 的质量分数不大于 12%。

其他氧化物的影响：氧化铝、氧化钛、氧化铬等氧化物在钒渣中是与钒置换固溶于尖晶石中的，实践表明，当它们含量高时将影响钒的转化率。但在钒渣标准中没有限制规定。目前关于它们的影响研究尚少。

3.3.2　转炉提钒的基本原理

转炉提钒就是利用选择性氧化的原理，采用高速氧射流在转炉中对含钒铁水进行搅拌，将铁水中的钒氧化成稳定的钒氧化物，同时铁水中的 Si，Ti，Mn 等元素也被氧化，其氧化产物一起进入渣相而获取钒渣的一种物理化学反应过程。在反应过程中，一般不加造渣剂，可根据熔池反应温度加入适量冷却剂控制熔池温度在碳钒转化温度以下，达到"去钒保碳"的目的。

转炉提钒是氧射流与金属熔体表面相互作用，与铁水中铁、钒、碳、硅、锰、钛、磷、硫等元素的氧化反应过程。这些元素氧化反应进行的速度取决于铁水本身的化学成分、吹钒时的动力学条件和热力学条件。下面将介绍氧气顶吹转炉提钒的基本原理和方法。

3.3.3　铁质初渣与金属熔体间的氧化反应

转炉提取钒主要是通过供氧形成钒的氧化物而将钒提取出来。钒是极易氧化的元素，钒与氧的亲和力介于硅和锰与氧的亲和力之间。供氧后，铁水中 Fe 被大量氧化，Si，V，Mn 和少量的 C 也同时被氧化。这些元素的氧化反应进行的速度取决于铁水本身的化学成分、吹钒时的热力学和动力学条件。

反应能力的大小取决于铁水组分与氧的化学亲和力，通常称之为标准生成自由能 $\Delta G^{\ominus}$。其值越负，氧化反应越容易进行。图 3-8 所示为铁水中各元素的氧势图（$\Delta G^{\ominus}$-T），从图中可看出在铁水中各元素原始活度相等和不存在动力学困难的情况下，Ca，Mg，Al，Ti，Si，V，Mn，Cr，Fe，Co，Ni，Pb，Cu 各元素的氧化逐渐减

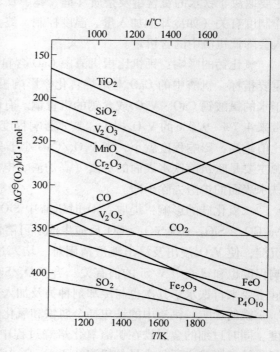

图 3-8　铁水中各元素氧化的氧势图

弱，钛的氧化优先，硅和钒的氧化较慢。

对于 V 的氧化，多数学者认为，在 V-O 体系中存在的主要氧化物有 V_2O_5，V_2O_4，V_2O_3 和 VO_2，它们的标准生成自由能为：

$$2V(s) + O_2(g) \Longrightarrow 2VO(s) \qquad \Delta G_1^\ominus = -803328 + 148.78T(J/mol)$$

$$\frac{4}{3}V(s) + O_2(g) \Longrightarrow \frac{2}{3}VO(s) \qquad \Delta G_2^\ominus = -800538 + 150.624T(J/mol)$$

$$V(s) + O_2(g) \Longrightarrow \frac{1}{2}V_2O_4(s) \qquad \Delta G_3^\ominus = -692452 + 148.114T(J/mol)$$

$$\frac{4}{3}V(s) + O_2(g) \Longrightarrow \frac{2}{5}V_2O_5(s) \qquad \Delta G_4^\ominus = -579902 + 126.91T(J/mol)$$

在炼钢的温度范围内，最稳定的钒的氧化物是 V_2O_3 和 V_2O_5。则钒的氧化反应一般写成：

$$2[V] + 3(FeO) \Longrightarrow (V_2O_3) + 3[Fe]$$
$$2[V] + 5(FeO) \Longrightarrow (V_2O_5) + 5[Fe]$$

在固态的钒渣中，钒主要以钒尖晶石 $FeO \cdot V_2O_3$ 形式存在。钒的氧化反应也可写成：

$$2[V] + 4(FeO) \Longrightarrow (FeO \cdot V_2O_3) + 3[Fe]$$
$$2[V] + 4[O] + [Fe] \Longrightarrow [FeV_2O_4]$$

铁水中各元素的氧化反应进行的速度取决于铁水本身的化学成分以及反应时的热力学和动力学条件。为达到去钒保碳的目的必须控制铁水中钒和碳的氧化顺序以保证在氧化钒的同时尽量减少碳的损失。

从各种元素氧化反应的自由能变化来看，钒与碳之间存在着选择性氧化的问题，即控制"脱钒保碳"的转化温度。通过图 3-8 可求出这个温度。

3.3.4　提钒过程钒和碳的氧化规律

如图 3-9 所示，在吹钒前期熔池处于"纯脱钒"状态，脱钒量占总提钒量的 70%，进入中后期，碳氧化逐渐处于优先，随钒含量的降低，脱钒速度也随之降低。

如图 3-10 所示，在吹炼前期，脱碳较少，反应进行速度较低，中后期脱碳速度明显加快，在此期间碳氧化率达 70%。另外，在倒炉及出半钢期间，也有少量碳氧化。

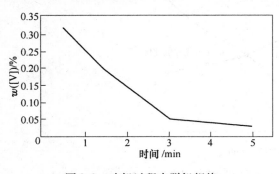

图 3-9　吹钒过程中脱钒规律

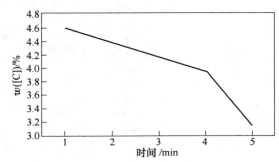

图 3-10　吹钒过程中脱碳规律

在熔池区域，碳的氧化反应按下列反应进行：

$$[C] + [O] \Longrightarrow CO$$

在射流区域碳的氧化反应按下列反应进行：

$$2[C] + O_2 === 2CO$$

实际提钒过程中钒元素和碳元素变化情况如图 3-11 所示。

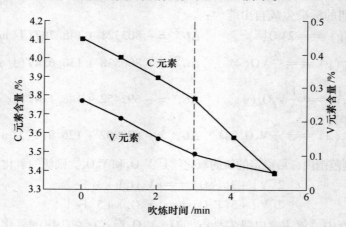

图 3-11　吹钒过程中 V 和 C 的变化情况

3.3.5　铁水中钒与碳氧化的转化温度

在元素氧化 $\Delta G^\ominus$ -T 图（如图 3-8 所示）中，标准状态下 CO 的 $\Delta G^\ominus$ 线段与 V_2O_3 的 $\Delta G^\ominus$ 线段的交点温度，称为选择性氧化的转化温度 $T_{转}$。吹钒时 $T_{转}$ 极为重要，因为当铁水中的组元钛、硅、铬、钒、锰、碳、铁等氧化时要放出大量的热，使熔池温度迅速上升；当温度超过 $T_{转}$ 时，铁水中的碳将大量氧化，抑制了钒的氧化，因此要加入冷却剂来降温。

需要注意的是，如图 3-12 所示，实际铁水中各元素选择性氧化转化温度 $T_{转}$ 与标准状况下 $T_{转}^\ominus$ 是有差距的。实际的 $T_{转}$ 随铁水的成分和炉渣的成分的变化而变化。如铁是主要元素，吹氧时就被氧化形成铁质初渣。

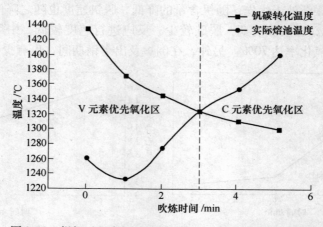

图 3-12　提钒过程中钒碳转化温度和实际熔池温度的变化

【技能训练 3.1】 "去钒保碳"的转化温度计算

【例 3-1】　标准状态下钒的 $T_{转}^\ominus$ 计算。

已知： $C(s) + \dfrac{1}{2}\{O_2\} \Longrightarrow CO(g)$ $\Delta G_1^{\ominus} = -11440 - 85.77T$ (3-1)

$C(s) \Longrightarrow [C]$ $\Delta G_2^{\ominus} = -22590 - 42.26T$ (3-2)

$\dfrac{2}{3}V(s) + \dfrac{1}{2}\{O_2\} \Longrightarrow \dfrac{1}{3}V_2O_3$ $\Delta G_3^{\ominus} = -400966 - 79.18T$ (3-3)

$V(s) \Longrightarrow [V]$ $\Delta G_4^{\ominus} = -20710 - 45.61T$ (3-4)

求： $\dfrac{2}{3}[V] + CO(g) \Longrightarrow \dfrac{1}{3}(V_2O_3) + [C]$ 反应的 $T_{转}^{\ominus}$。

解： 碳的氧化反应：

$$[C] + \dfrac{1}{2}\{O_2\} \Longrightarrow CO(g) \tag{3-5}$$

反应(3-5) = 反应(3-1) - 反应(3-2)

得到： $\Delta G_5^{\ominus} = -136990 - 43.51T$

钒的氧化反应： $\dfrac{2}{3}[V] + CO(g) \Longrightarrow \dfrac{1}{3}(V_2O_3)$ (3-6)

反应(3-6) = 反应(3-3) - $\dfrac{2}{3}$反应(3-4)

$$\Delta G_6^{\ominus} = \Delta G_3^{\ominus} - \dfrac{2}{3}\Delta G_4^{\ominus} = -387160 + 109.58T$$

$$\dfrac{2}{3}[V] + CO(g) \Longrightarrow \dfrac{1}{3}(V_2O_3) + [C] \tag{3-7}$$

反应(3-7) = 反应(3-6) - 反应(3-5)

$$\Delta G_7^{\ominus} = -250170 + 153.09T$$

$$T_{转}^{\ominus} = 250170/153.09 = 1634K = 1361℃$$

【例 3-2】 反应 $\dfrac{2}{3}[V] + CO(g) \Longrightarrow \dfrac{1}{3}(V_2O_3) + [C]$ 实际转换温度 $T_{转}$ 的计算。

解： 根据等温方程式：

$$\Delta G_7 = \Delta G_7^{\ominus} + RT\ln K = \Delta G_7^{\ominus} + RT\ln \dfrac{a_C a_{V_2O_3}^{1/2}}{a_V^{2/3} p_{CO}}$$

式中 $\Delta G_7^{\ominus}$——反应 (3-7) 的标准生成自由能；

R——阿伏伽德罗常数，8.314J/(K·mol)；

a_C，a_V——铁液中碳、钒的活度；

$a_{V_2O_3}$——钒渣中 V_2O_3 的活度；

p_{CO}——气相中 CO 的分压。

当 $\Delta G_7 = 0$ 时，$250170 + 153.09T + RT\ln \dfrac{a_C a_{V_2O_3}^{1/2}}{a_V^{2/3} p_{CO}} = 0$

$$T_{转} = 250170 + 250170/\left[153.09 + R\ln \dfrac{a_C a_{V_2O_3}^{1/2}}{a_V^{2/3} p_{CO}}\right] \tag{3-8}$$

$$a_C = f_C w(C), \quad a_V = f_V w(V), \quad a_{V_2O_3} = \gamma_{V_2O_3} N_{V_2O_3}$$

式中　　f_C，f_V——铁液中碳和钒的活度系数，可通过铁液中各组元的浓度，通过物理化
　　　　　　　　学手册查出一些数据（交互作用系数）计算出来；

　　$w(C)$，$w(V)$——铁液中碳和钒的浓度；

　　　　$\gamma_{V_2O_3}$——钒渣中三氧化二钒的活度系数，通常很小，估计在 10^{-5} 左右；

　　　　$N_{V_2O_3}$——钒渣中三氧化二钒的分子数。

　　p_{CO} 根据式（3-8），可认为 $p_{CO} = 2p_{O_2}$。

　　实际吹钒过程的转化温度，随着铁水中钒浓度的升高和氧分压的增大，转化温度略有
升高，同时随着铁液中 [V] 浓度的降低，即半钢中余钒含量越低，转化温度越低，保碳
就越难。因此脱钒到一定程度后，要求半钢温度较高时，则只有多氧化一部分碳的条件下
才能做到。实际吹钒温度控制在 1340 ~ 1400℃ 范围内。

　　通过转化温度的计算，可以根据工艺的要求，规定出适当的半钢成分，即可估计转化
温度，在吹炼过程中控制过程温度不要超过此温度。根据原铁水成分及规定的半钢成分，
并算出吹炼的终点温度（转化温度），即可作一热平衡计算以估计须用的冷却剂用量。

3.3.6　氧气转炉提钒的动力学条件

　　从动力学角度分析，钒氧化反应主要取决于反应物 [V] 和 (FeO) 向反应界面扩散
的扩散传质速度。在吹炼过程中，氧气直接同铁水接触，由于 Fe 元素浓度很大，Fe 元素
的氧化受动力学条件及扩散因素的影响较小。而铁水中的 V 元素在吹炼过程中浓度逐渐降
低，其扩散速度减慢，随着反应的进行，反应界面处的 V 越来越不能满足反应的需要，其
氧化速度逐渐减慢，在吹炼末期尤为明显，使熔池内的化学反应很难接近平衡。因此，铁
水中 V 向反应界面处的扩散传质速度是 [V] 发生氧化反应的限制性环节，钒的氧化速度
主要取决于钒的扩散速度。

【想一想　练一练】

填空题

3-3-1　氧气转炉提钒的两大主产品是_____和半钢。

3-3-2　提钒吹炼前期，熔池处于_____状态，脱钒量占总提钒量的70%；进入中后
　　　　期，_____氧化逐渐处于优先，而且钒含量降低，脱钒速度也随着降低。

3-3-3　根据碳和钒的氧势线可以确定碳钒转化温度，低于此温度，_____优先于碳
　　　　氧化，高于此温度，碳优先于钒氧化。

3-3-4　根据碳和钒的氧势线可以确定碳钒转化温度，低于此温度，钒优先于碳氧化，高
　　　　于此温度，_____优先于钒氧化。

3-3-5　根据碳和钒的_____可以确定碳钒转化温度，低于此温度，钒优先于碳氧化，
　　　　高于此温度，碳优先于钒氧化。

3-3-6　半钢中余钒越低，转化温度越低，保碳就越_____。

3-3-7　实际吹钒温度控制在_____范围内。

3-3-8　钒渣的颜色为_____。

单项选择题

3-3-9　转炉提钒实际吹钒温度控制在（　　）范围内。
　　　　A. 1340 ~ 1400℃　　　B. 1300 ~ 1360℃　　　C. 1300 ~ 1400℃　　　D. >1400℃

3-3-10　钒的氧化是（　　）反应，故低温有利反应的进行。

    A. 放热　　　　　　　B. 吸热　　　　　　　C. 既放热又吸热　　　D. 以上都不对

3-3-11　转炉提钒的两大主产品是（　　）和半钢。

    A. V_2O_5　　　　　　B. 钒铁　　　　　　　C. 钒渣　　　　　　　D. 烟气

3-3-12　转炉提钒熔池温度低于碳钒转化温度，（　　）氧化。

    A. 钒优先于碳　　　　B. 碳优先于钒　　　　C. 钒碳同时　　　　　D. 以上都不对

3-3-13　转炉提钒熔池温度高于碳钒转化温度，（　　）氧化。

    A. 碳优先于钒　　　　B. 钒优先于碳　　　　C. 钒碳同时　　　　　D. 以上都不对

3-3-14　根据氧势图可以判断各元素的氧化能力从大到小正确的是（　　）。

    A. 硅→钛→钒→锰→铬　　　　　　　　　　B. 钛→钒→硅→锰→铬

    C. 钛→硅→钒→锰→铬　　　　　　　　　　D. 钛→硅→锰→钒→铬

3-3-15　转炉提钒的主要反应是钒与（　　）的反应。

    A. 氧气　　　　　　　B. FeO　　　　　　　C. 钒　　　　　　　　D. 不确定

3-3-16　钒渣中所含元素最多的是（　　）。

    A. 钒、钛　　　　　　B. 铁、氧　　　　　　C. 钛、钒

3-3-17　对钒渣结构的许多研究中都证明了钒在钒渣中都是以几价离子存在于尖晶石中的（　　）。

    A. 三价　　　　　　　B. 四价　　　　　　　C. 五价

多选题

3-3-18　钒具有可变的化合价，其中（　　）价最稳定，钒渣中以（　　）价形式存在。

    A. +2　　　　　　　　B. +3　　　　　　　　C. +4

    D. +5　　　　　　　　E. +6

3-3-19　钒渣是指含钒铁水经过转炉等方法吹炼氧化成富含（　　）和（　　）的炉渣。

    A. 硅氧化物　　　　　B. 钒氧化物　　　　　C. 钛氧化物

    D. 铁氧化物　　　　　E. 锰氧化物

3-3-20　在氧势图中，（　　）与（　　）有一个交点，此点对应的温度称为碳钒转化温度。

    A. 碳氧势线　　　　　B. 硅氧势线　　　　　C. 钒氧势线

    D. 钛氧势线　　　　　E. 锰氧势线

3-3-21　钒渣由含钒物相、黏结物、夹杂相组成，其中含物相的熔点是（　　）、黏结相的熔点是（　　）。

    A. 1700℃　　　　　　B. 1600℃　　　　　　C. 1500℃

    D. 1400℃　　　　　　E. 1220℃

判断题

3-3-22　在吹钒前期熔池处于"纯脱钒"状态，脱钒量占总提钒量的70%。（　　　　）

3-3-23　进入吹钒中后期，随钒含量的降低，脱钒速度也随之升高。（　　　　）

3-3-24　半钢中余钒含量越低，转化温度越低，保碳就越难。（　　　　）

3-3-25　转炉提钒实际吹钒温度控制在 1340～1400℃范围内。（　　）

3-3-26　锰的氧化是放热反应，故低温有利反应的进行。（　　）

3-3-27　硅的氧化是吸热反应，故低温有利反应尽快达到平衡。（　　）

3-3-28　转炉提钒的两大主产品是钒渣和半钢。（　　）

3-3-29　转炉提钒 339 氧枪的喉口直径为 33.9mm。（　　）

3-3-30　在提钒吹炼前期，脱碳较少，反应速度较低，中后期脱碳速度明显加快，在此期间碳氧化率达 70%。（　　）

3-3-31　提钒熔池低于碳钒转化温度，碳优先于钒氧化，高于此温度，钒优先于碳氧化。

（　　）

3-3-32　提钒过程中各元素反应能力的大小取决于铁水组分与氧的化学亲和力。（　　）

3-3-33　转炉提钒各元素的氧化能力从大到小为：钛→硅→钒→锰→铬。（　　）

3-3-34　钒渣中的钒是以单质的形式存在。（　　）

3-3-35　含钒铁水经提钒炉富氧吹炼后所得的炉渣就叫钒渣。（　　）

3-3-36　钒渣中的钒主要以钒铁尖晶石（$FeO \cdot V_2O_3$）的形式存在。（　　）

简答题

3-3-37　转炉提钒的任务是什么？

3-3-38　氧气顶吹转炉提钒的优点有哪些？

3-3-39　钒渣的生产原理是什么？

3-3-40　钒渣的结构由哪几部分构成？

3-3-41　转炉提钒脱碳规律是什么？

任务 3.4　影响提钒的主要因素

【学习目标】

（1）掌握钒渣生产的影响因素；

（2）能根据所学指导转炉提钒生产实践。

【任务描述】

在利用含钒铁水吹炼钒渣时，多种因素影响钒渣的提取及钒渣的质量，了解影响钒渣生产的主要因素是十分必要的。本任务将详细讨论影响钒渣生产的主要因素。

3.4.1　铁水成分的影响

众所周知，铁水中 Si，Mn，Cr，V，Ti 的含量直接影响钒渣的品质。

3.4.1.1　全铁含量的影响

钒渣中铁有金属铁和氧化铁两种形态存在。

钒渣在破碎处理时都要将大部分金属铁通过各种方法除去。但含量过高会影响钒渣处理时的难度。同时过细的金属铁在钒渣氧化焙烧过程中，氧化反应时要放出大量热量会使物料黏结。

氧化铁的影响主要是少量的钒溶解于 Fe_2O_3 中造成钒损失。当 Fe_2O_3 的质量分数超过 70% 时影响明显。

钒渣中的铁含量与铁水提取钒渣的方法、过程的温度操作制度、渣铁分离方法等因素有关。渣中全铁 $\Sigma(FeO)$ 含量通常取决于供氧强度和氧枪枪位等。

3.4.1.2 钒的影响

钒渣中钒含量对钒渣的焙烧转化率的影响规律，原则上是含钒量高有利于提高其焙烧转化率。钒渣中钒的含量主要取决于铁水的钒含量及杂质（硅、锰、钛、铬等）含量，其次也与提取钒渣过程的操作制度有关（如冷却剂加入量、温度控制、终点控制条件等），因为大量的杂质氧化和加入会降低钒渣中的含钒量。

1977 年我国统计了雾化提钒、转炉提钒铁水的原始成分与半钢残钒量对钒渣中的五氧化二钒浓度的影响规律：

$$w_{(V_2O_3)} = 6.224 + 31.916w_{[V]} - 10.556w_{[Si]} - 8.964w_{[V]} - 2.134w_{[Ti]} - 1.855w_{[Mn]}$$

上述规律说明铁水中原始钒含量高得到的钒渣 V_2O_5 品位提高。生产实践表明，吹炼 $w_{[V]} = 0.40\%$ 左右的铁水时，钒渣中 $w_{(V_2O_3)}$ 为 16%~20%；若吹炼 $w_{[V]} = 0.20\%$ 的铁水，渣中 $w_{(V_2O_3)}$ 只有 10% 左右。

铁水提钒过程中的钒与渣中的 FeO 可发生氧化反应，生成 VO，V_2O_3，V_2O_4，V_2O_5，如图 3-13 所示，在提钒过程钒的氧化过程中，V 与 FeO 生成 V_2O_3 的反应 $\Delta G^{\ominus}$ 值最小，说明在钒的氧化反应中，V_2O_3 最容易生成。

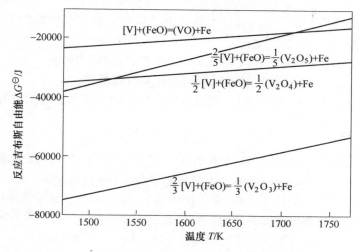

图 3-13 提钒过程中 V 与（FeO）反应的 $\Delta G^{\ominus} - T$ 图

3.4.1.3 硅的影响

A Si 在钒氧化热力学条件中的作用

吹钒过程中，铁水中 Fe，V，C，Si，Mn，Ti，P 等元素的氧化速度取决于铁水中该元素的含量、吹钒时的热力学条件和动力学条件，而反应能力的大小又取决于铁水组分与氧的化学亲和力——标准生成自由能 $\Delta G^{\ominus}$。

$$[Si] + O_2 \Longrightarrow (SiO_2) \qquad \Delta G^{\ominus} = -946350 + 197.64T$$

$$[V] + \frac{3}{4}O_2 \Longrightarrow \frac{1}{2}(V_2O_3) \qquad \Delta G^{\ominus} = -601450 + 118.76T$$

从以上两个反应式可知，[Si] 与氧的亲和力比 [V] 与氧的亲和力强，铁水 [Si] 含量较高时，将抑制 [V] 的氧化。因此应严格控制铁水中 [Si] 的含量。在提钒温度范围内，铁水中 Si 元素的主要氧化产物为 SiO_2。钒渣中硅的来源主要是铁水，其次也与冷却剂种类及加入量有关。

B　铁水中硅对钒渣渣态的影响

铁水中的 [Si] 被氧化后生成 (SiO_2)，初渣中的 (SiO_2) 与 (FeO)，(MnO) 等作用生成铁橄榄石 $[Fe \cdot Mn]_2SiO_4$ 等低熔点（1220 ℃）的硅酸盐相，它们使初渣熔点降低，钒渣黏度降低，流动性升高。

在铁水 [Si] 浓度较低时（≤0.05%），通过向熔池配加一定量的 SiO_2，适度增加炉渣流动性，可避免渣态偏稠，有利于钒的氧化。在铁水 [Si] 浓度偏高（≥0.15%）时，渣中低熔点相过高，渣态过稀，又会增加出钢过程中钒渣的流失。

C　铁水硅对熔池温升及钒渣 (V_2O_5) 浓度的影响

铁水 [Si] 偏高会造成熔池升温加快，阻碍钒的氧化，且 [Si] 被氧化进入渣相，使粗钒渣中 (SiO_2) 比例上升，降低了钒渣品位。1999 年攀钢统计了 120t 氧气转炉 610 炉次的吹钒过程中铁水中的 [Si] 对钒渣 (V_2O_5) 浓度的影响规律，得到如下关系式：

$$w_{(V_2O_5)} = 22.255 - 0.4378w_{[Si]} \qquad (R = 0.85)$$

式中　$w_{(V_2O_5)}$——钒渣中 (V_2O_5) 的质量分数，%；

　　　$w_{[Si]}$——含钒铁水中硅的质量分数，%。

通过对上式的分析，认为铁水硅高对钒渣中 (V_2O_5) 浓度的影响如下：

(1) [Si] 高会抑制钒的氧化；

(2) [Si] 氧化成 (SiO_2) 进入渣相，对钒渣有"稀释"作用；

(3) [Si] 氧化放热使提钒所需的低温熔池环境时间缩短；

(4) [Si] 偏高（≥0.15%）时，渣态过稀，使出钢过程中钒渣的流失增加。

3.4.1.4　钛的影响

在提钒温度范围内，铁水中 Ti 元素的氧化产物主要为 TiO_2，Ti 元素的氧化产物有 TiO，Ti_2O_3，Ti_3O_5，TiO_2 四种，其中 TiO_2 最容易生成，TiO 最难生成。

俄罗斯下塔吉尔公司统计了 130t 氧气顶吹转炉 1000 炉次的吹钒过程中铁水中的硅、钛对钒渣中五氧化二钒浓度的影响规律，得到如下的规律：

$$w_{(V_2O_5)} = 29.41 - 22.08w_{[Si]} - 11.38w_{[Ti]} \qquad (R = 0.77)$$

式中　$w_{[Ti]}$——含钒铁水中钛的质量分数，%。

可见，随着铁水中的硅、钛含量的增加，会降低渣中 V_2O_5 的浓度。

3.4.1.5　其他成分的影响

A　磷的影响

钒渣中磷的来源主要是铁水。钒渣中的磷主要影响在于焙烧过程中磷与钠盐反应生成溶于水的磷酸盐。被浸出到溶液中，磷对钒的沉淀影响极大，同时也影响产品的质量。

  B 锰的影响

  钒渣中的锰主要来自铁水。钒渣中锰对后步工序的影响目前存在着不同的看法。实践表明，锰的化合物是水浸熟料时生成"红褐色"薄膜的原因之一，这将使过滤十分困难。同时，部分锰将转入 V_2O_5 的熔片中，以后进入钒铁。将影响对锰含量要求严格的钢种质量。我国钒渣标准中对锰没有限制，但俄罗斯限制钒渣中 MnO 的质量分数不大于12%。

  C 氧化铝、氧化铬的影响

  这些氧化物在钒渣中是与钒置换固溶于尖晶石中的。实践表明，当它们含量高时将影响钒的转化率。但在《钒渣》（YB/T 008—2006）中没有限制规定。目前关于它们的影响研究尚少。

3.4.2 铁水温度的影响

  图 3-14 所示为铁水入炉温度与 $w(V_2O_5)$ 的关系，入炉铁水温度越高，越不利于提钒所需的低温熔池环境。

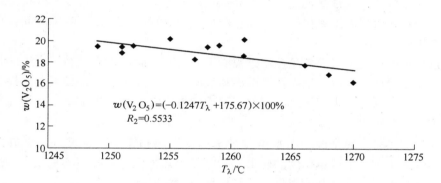

图 3-14 铁水入炉温度与 $w(V_2O_5)$ 浓度的关系

3.4.3 吹炼终点温度对钒渣中全铁含量的影响

  由于提高终点温度，有利于碳氧化反应的进行：

$$(FeO) + [C] = [Fe] + CO$$

  因此，钒渣中氧化铁含量随着吹炼终点温度的提高而降低。

【知识拓展 3.3】钒渣中铁的存在形式及影响

  钒渣中铁有金属铁和氧化铁两种形态存在。

  钒渣中的铁常常被分为 MFe（明铁）和 TFe（全铁）两种形式。MFe（明铁）是指粗钒渣制样过程磁选出的铁含量；而 TFe（全铁）是指精钒渣铁及铁氧化物的铁含量。

  钒渣在破碎处理时都要将大部分金属铁通过各种方法除去。但含量过高会影响钒渣处理时的难度。同时过细的金属铁在钒渣氧化焙烧过程中，氧化反应时放出大量热量，使物料黏结。反应式如下：

$$2Fe + \frac{3}{2}O_2 \xlongequal{\quad\quad} Fe_2O_3 \qquad 825.50 kJ/mol$$

钒渣混合料的质量热容估算为 $0.85J/(g \cdot K)$。

假定在绝热情况下，全部金属铁都氧化后，1kg 钒渣中含有金属铁量为 10%，氧化放出热量为 738.82kJ，升温 869.2℃。但实际上金属铁不可能同时全部氧化，颗粒大的金属铁仅是表面氧化而已。以上说明金属铁氧化放热是有影响的，除去钒渣中的 MFe（明铁）是必要的。

3.4.4　冷却剂的影响

由于提钒过程中各氧化反应放出的热量高于从铁水到半钢所吸收的热量，因此整个过程中吹炼温度将逐渐升高。为了调节吹炼过程温度，防止过程温度上升过快，提高钒的氧化率，达到"去钒保碳"的目的，通常在转炉提钒过程中加入冷却剂。一般冷却剂的种类有生铁块、废钢、水蒸气、氮气、废钒渣、氧化铁皮、铁矿石、烧结矿、球团矿、水等，各种冷却剂的冷却效应应以含钒生铁块为基数。

对冷却剂要求除了具有冷却能力外，还要有氧化能力，带入的杂质少。冷却剂中的氧化性冷却剂既是冷却剂又是氧化剂，其中氧化铁皮最好。它杂质含量少，既是冷却剂，又是氧化剂，冷却能力强。用氧化铁皮作冷却剂可减少氧气消耗，缩短吹炼时间，提高钒的氧化率和半钢的收得率。

冷却剂种类的选择不仅要满足控制过程温度的需要，而且要充分利用提钒的余热增加半钢产量。在多种冷却剂中，以生铁块的冷却效应最小，因而加入量最大，对提高半钢产量十分有利。氧化铁皮虽是理想的冷却剂，但冷却效应大，加入量不多，从提高半钢产量角度考虑不宜过多采用。

提钒过程的热量主要来源于铁水本身带来的物理热和铁水内各发热元素放出的化学热，这些热量除了满足出半钢温度的要求（包括抵消热损失）以外还有富余。冷却剂的加入量必须能够平衡这部分富余的热量，才能较好地控制温度。

冷却剂尽量在吹炼前期加入，吹炼后期不再加入任何冷却剂，使熔池温度接近或稍超过转化温度，适当发展碳燃，有利于降低钒渣中氧化铁的含量，提高半钢温度和金属回收率。

3.4.5　供氧制度的影响

转炉提钒供氧制度就是使氧气流股合理地供给熔池，以及确定合理的喷头结构、供氧强度、供氧压力和氧枪枪位，为熔池创造良好的物理化学反应条件。供氧制度包括氧枪枪位、结构、耗氧量、供氧强度、压力等诸因素，是控制吹钒过程的中心环节。

3.4.5.1　耗氧量

耗氧量是指将 1t 含钒铁水吹炼成半钢时所需的氧量，单位为 m^3/t。

一般根据不同的铁水成分和吹炼方式，耗氧量有很大的差异同时耗氧量的多少也影响着半钢中的碳和余钒量的多少。

耗氧量还与供应强度和搅拌情况有关，是交互作用的。

在恒压变枪情况下，耗氧量与吹氧时间均呈正比关系，大量数据表明吹钒前期脱钒速率要大于中后期，与脱钒相反在前期脱碳相对较小，在吹炼的中后期脱碳较明显。

3.4.5.2 供氧强度

供氧强度指单位时间内每吨金属的耗氧量（标态），单位为 $m^3/(t \cdot min)$。

供氧强度对吹钒的影响：供氧强度的大小影响吹钒过程的氧化反应强度，过大时喷溅严重，过小时反应速度慢，吹炼时间长，会造成熔池温度的升高，超过转化温度，导致脱碳反应急剧加速，半钢残渣钒量重新升高。因此，一般在吹氧初期可提高供氧强度，后期减少。

3.4.5.3 供氧压力和枪位

在同样供氧量的条件下，供氧压力大可加强熔池搅拌强化动力学条件，有利于提高钒等元素的氧化速度。

枪位指氧枪距离熔池液面的高度，是吹炼过程中调节最灵活的参数。当氧压一定时，若采用过低枪位，氧气射流对熔池的冲击深度大但冲击面积小，熔池的搅拌力越强，可强化氧化速度，但加速了炉内脱碳反应，熔池碳氧反应剧烈，渣中（FeO）降低，炉渣变干，流动性差，易喷溅和粘枪，而且对炉底损害大；当氧压一定时，采用过高枪位，氧气射流对熔池的冲击深度小但冲击面积大，表面铁的氧化加快，钒渣的（FeO）含量上升，炉渣流动性变好，化渣容易，但对炉壁冲刷加大，熔池的搅拌力减弱，氧化速度慢。因此，选择枪位时既保证氧气射流有一定的冲击面积，又要保证氧气射流在不损坏炉底的前提下有足够的冲击深度。

一般采用恒压变枪位操作。例如俄罗斯下塔吉尔 160t 氧气顶吹转炉提钒时，在吹初期枪位高度控制在 2.0m，到后期枪位降低到 1m。当铁水含硅量高时，枪位均保持下限。

3.4.5.4 氧枪喷嘴结构

氧气喷枪的结构包括喷嘴结构直径和喷嘴的孔数、角度等参数。这些条件直接影响氧气的深度、分布和利用率的高低。在选择氧枪时，以上几个方面要统筹考虑，这几个方面是彼此交互作用来共同影响吹钒过程的。

3.4.5.5 渣铁分离

当转炉提钒时，氧气转炉提钒吹炼结束后，半钢和钒渣分离的好坏对钒渣回收率有重要影响。俄罗斯下塔吉尔钢铁公司发现，160t 氧气转炉提钒吹炼结束后，从转炉倒出半钢过程中，大约有 5%~10% 的钒渣随半钢流出，这是造成钒渣损失的主要原因。

通过试验研究得出如下减少出半钢过程中钒渣损失的措施：

（1）减少钒渣损失最有效的办法是在转炉中积累两炉渣，而在渣很干时可积累三炉渣。下塔吉尔采用这种方法使商品钒渣回收率提高 3% 以上。

（2）在转炉操作中时间有潜力的情况下，缩小出钢口的直径。

（3）提高渣的黏度，当渣较稀时，可通过出钢口部位添加剂的方法提高渣的黏度来降低渣的损失；

　　（4）提高转炉旋转速度并使转速与出钢速度同步以保持出钢口上面的出钢水平面高于其临界值，也是一个重要的元素。

　　（5）出半钢前加挡渣镖。

　　通过上述措施，使钒渣回收率提高到 98%~99%。

【想一想　练一练】

单选题

3-4-1　冷却剂尽量在（　　）加入，（　　）不再加入任何冷却剂，使熔池温度接近或稍超过转化温度。

　　　　A. 吹炼前期　　　　　　　　B. 吹炼中期　　　　　　　　C. 吹炼后期

3-4-2　钒渣中氧化亚铁（FeO）含量随着吹炼终点温度的提高而（　　）。

　　　　A. 升高　　　　　　　　　　B. 降低　　　　　　　　　　C. 不变

3-4-3　钒渣中所含元素最多的是（　　）。

　　　　A. 钒、钛　　　　　　　　　B. 铁、氧　　　　　　　　　C. 钛、钒

3-4-4　对钒渣结构的许多研究都证明了钒在钒渣中都是以（　　）离子存在于尖晶石中的。

　　　　A. 三价　　　　　　　　　　B. 四价　　　　　　　　　　C. 五价

填空题

3-4-5　供氧强度大小影响吹钒的氧化反应程度，_____喷溅严重，_____反应速度慢。

3-4-6　单位时间内每吨金属的耗氧量称为_____。

3-4-7　_____是指将 1t 含钒铁水吹炼成半钢时所需的氧量。

3-4-8　随着铁水中的硅、钛含量的增加，会_____渣中五氧化二钒的浓度。

3-4-9　转炉提钒铁水中原始钒含量_____有利于钒渣中 V_2O_5 浓度的提高。

3-4-10　转炉提钒随着铁水中 Si，Ti 含量的增加，会_____钒渣中 V_2O_5 的浓度。

判断题

3-4-11　冷却剂随时可以加入冶炼熔池中。（　　）

3-4-12　冷却剂除了要求具有冷却能力外，还要有氧化能力，带入的杂质少。（　　）

3-4-13　提钒终点温度低，有利于碳氧化反应的进行，有利于降低渣中全铁含量。（　　）

简答题

3-4-14　冷却剂加入量的决定因素是什么？

3-4-15　如何减少出半钢过程中的钒渣损失？

3-4-16　铁水硅高对钒渣中（V_2O_5）浓度有何影响？

任务 3.5　转炉提钒生产工艺及设备

【学习目标】

　　（1）掌握氧气转炉提钒一炉钒渣生产的主要环节及相应的工艺制度；

（2）熟悉装入制度的内容及确定依据；

（3）熟悉氧气转炉提钒供氧操作包含的内容；

（4）熟悉氧气转炉提钒温度控制的方法；

（5）熟悉氧气转炉提钒终点控制的内容；

（6）会进行氧气转炉提钒主要技术经济指标的计算。

【任务描述】

通过学习要熟悉转炉提钒生产过程，熟悉氧气转炉提钒装料操作、供氧操作、温度控制、终点控制所涉及的主要设备作用、结构特点。本任务将详细介绍氧气转炉提钒生产过程的主要环节和相应的工艺制度及其主要技术经济指标。

3.5.1　氧气转炉提钒生产

3.5.1.1　氧气转炉提钒生产方法

生产钒渣（钒渣是指含钒铁水经过雾化炉、转炉等方法吹炼氧化成富含钒氧化物和铁氧化物的炉渣）的过程称为提钒。钒渣是提钒过程的初级产品，同时也是后期各类深加工产品的原料。钒渣的生产是进一步开发各种钒产品的基础。

钒渣的生产方法有雾化提钒法、转炉提钒法（包括氧气顶吹转炉提钒法、空气底吹转炉提钒法、氧气顶底复吹转炉提钒法）、铁水包吹氧提钒法及摇包提钒法等，德国、南非主要采用转炉法和摇包法，我国主要采用转炉法和雾化法。目前应用较广泛的是转炉提钒法中的氧气顶吹转炉提钒法及氧气顶底复吹转炉提钒法。

氧气转炉吹炼钒渣根据吹钒时转炉座数、造渣制度等不同，可分为以下几种：

（1）同炉单渣法。在同一座转炉内，加入造渣剂，用吹炼与普通铁水相似的操作方法直接将含钒铁水吹炼成钢，并获得含 CaO 高的低品位钒渣。特点是提钒渣与炼钢渣混在一起，渣量大，渣中 V_2O_5 含量低，无直接使用。

（2）同炉双渣法。即在同一座转炉内，先不加入碱性造渣材料仅加入冷却剂进行吹炼，当硅、锰、钒等元素氧化后，碳剧烈氧化刚开始时，立即停氧倒出钒渣，然后再加入造渣材料，在同一炉子内造渣，去 P，S 降碳继续吹炼成钢。同炉双渣法吹炼钒渣分为吹钒期和炼钢期。同炉双渣法的特点是钒渣含钒低，钒回收率较低，CaO，P 高，半钢余钒较高，不适宜用现行工艺进行焙烧浸出处理，钒氧化率较低。

（3）转炉-转炉双联法。即应用两座转炉，一座为吹钒炉，仅加冷却剂，获得钒渣和半钢，将半钢倒入另一座转炉内，加入造渣材料脱磷、脱硫并脱碳后吹炼成钢。转炉-转炉双联法的特点是钒回收率较高，钒渣的水浸率可高达 90.0%～97.7%，是从铁水中提出优质钒渣的较好方法。缺点是生产调度上较为复杂。

实际生产中，转炉提钒根据铁水钒含量和市场的变化，可实施"深提钒工艺"和"浅提钒工艺"。

铁水深提钒工艺是指适当增大过程冷却强度，延长吹氧时间，使铁水中钒充分氧化，降低半钢余钒含量，提高产渣率。铁水深提钒工艺半钢中碳含量较低，半钢转炉炼钢"吃"废钢较少，例如攀钢 2001 年废钢消耗仅每吨钢 35.93kg。

　　铁水浅提钒工艺是指通过减少提钒冷却剂加入量和供氧量,以钒回收率下降为代价来减少半钢碳烧损,为炼钢多吃废钢提供高碳（≥3.7%）、高温（≥1370℃）的半钢。

3.5.1.2　氧气转炉提钒生产过程

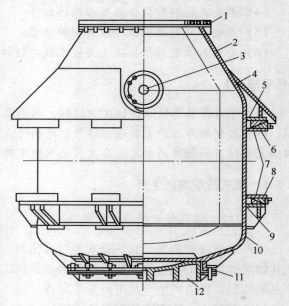

图 3-15　氧气顶吹转炉结构示意图
1—水冷炉口；2—锥形炉帽；3—出钢口；4—护板；
5,9—上、下卡板；6,8—上、下卡板槽；
7—斜块；10—圆柱形炉身；11—销钉和斜楔；
12—可拆卸活动炉底

　　氧气转炉（如图 3-15 所示）提钒是用起重吊车将含钒铁水和部分冷却剂（主要是废钢或生铁块）装入转炉内,装料后摇正炉体,采用水冷氧枪垂直插入炉内吹入高压氧气,高速氧射流在转炉中与金属熔体相互作用,同铁水中铁、钒、碳、硅、锰、钛、磷、硫等元素发生氧化反应,将铁水中钒氧化成稳定的钒氧化物聚集进入熔渣,以制取钒渣和获得半钢的一种物理化学反应过程,在反应过程中,通过加入冷却剂控制熔池温度在碳钒转化温度以下,达到"去钒保碳"的目的。提钒吹氧至炉口出现碳焰时,立即提枪停止吹氧,组织出半钢、钒渣（不是每炉都出）。某厂氧气转炉提钒工艺流程如图 3-16 所示。

　　综上所述,氧气转炉提钒是间歇周期性作业,一炉钒渣生产的主要环节包括装料、供氧、温度控制、终点控制及出半钢和出钒渣,其相应的工艺操作制度有装入制度、供氧制度、温度控制制度、终点控制制度、出半钢和出钒渣制度,与这些工艺操作制度紧密相关的设备为转炉及其倾动系统、冷却料供应系统、氧枪及升降机构、烟气净化及回收装置及钢渣车等。

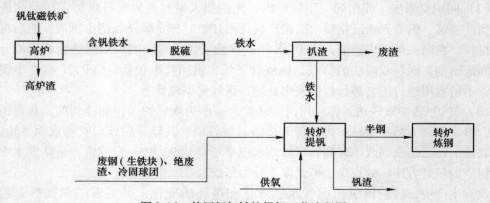

图 3-16　某厂氧气转炉提钒工艺流程图

【技能训练 3.2】　氧气转炉提钒车间的生产工艺流程

　　转炉提钒生产是在提钒车间大班长（倒班作业长）领导、炉长组织协调职工完成当班生产任务的班组生产过程。提钒车间大班长根据厂生产调度下达的生产目标，炉长根据当班生产任务目标，组织本班组人员在规定的时间内，以经济的方式，安全地利用转炉及附属设备将铁水吹炼成适合于下一步提取 V_2O_5 要求的钒渣和满足下一步炼钢要求的一定碳量的半钢，并对转炉设备进行维护。

某厂氧气转炉提钒车间工艺流程如图3-17所示。由图可知，转炉提钒生产工艺主要由以下几个系统构成：（1）原料供应系统，即铁水、废钢（生铁块）及各种散状冷却剂的贮备和运输系统；（2）转炉的吹炼系统；（3）出半钢、出钒渣系统；（4）供氧系统；（5）烟气净化与煤气回收系统。

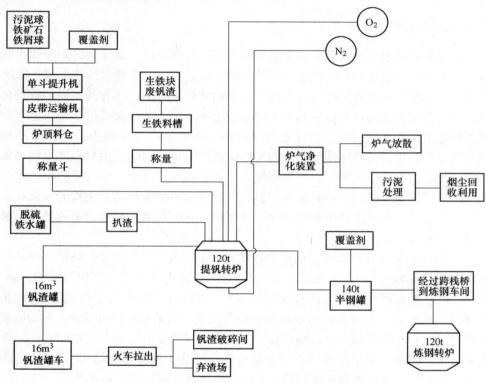

图3-17 某厂氧气转炉提钒工艺流程图

氧气转炉提钒车间生产工作过程主要包括：（1）原料工负责将提钒所用的各种原料准备好；（2）提钒炉长指挥中控工、炉前工、摇炉工协作将铁水、废钢（生铁块）装入炉内；（3）中控工根据炉长信号进行吹炼，吹炼过程中准确加料及变动枪位，终点听从炉长指挥，及时发出停吹信号，进行倒炉测温、取样作业；（4）炉长发出出钢指令，炉长、摇炉工、炉前工协作完成出半钢操作；（5）炉长（摇炉工）确认半钢出尽，炉长、摇炉工、炉前工协作完成出钒渣、取渣样操作；（6）出钒渣结束，视炉衬侵蚀情况维护炉衬，再将炉子摇到装料位置，准备下一炉装料。

3.5.2 氧气转炉提钒原料

3.5.2.1 含钒铁水

含钒铁水是提钒的主要原料，其化学成分决定着钒渣质量和提钒工艺流程。铁水成分具体影响前面已经详细讨论。

3.5.2.2　辅助原料

为了达到"去钒保碳"的目的，在整个提钒过程中需要将熔池温度控制在一定的范围内。在吹钒过程中，含钒铁水中的其他元素也随之氧化并放出热量，使得熔池温度升高而超出提钒所需控制的温度范围。因此，在提钒过程中必须进行有效的冷却。由此可见，选择合适的冷却材料及合理的配比对提钒是很重要的。目前，提钒过程常采用的冷却剂有生铁块、冷固球团、铁皮球、铁矿石、绝废渣（废钒渣）等。

3.5.3　氧气转炉提钒装入制度

装入制度就是确定转炉合理的铁水重量和合适的生铁块量，以保证转炉提钒过程的正常进行。转炉的装入量指转炉冶炼中每炉装入的金属总重量，主要包括铁水和生铁块。

实践证明不同容量的转炉以及同一转炉在不同的炉役时期，都有其不同的合理的金属装入量，控制合理的装入量对提钒转炉生产非常重要。装入量过大或过小都不能得到好的技术经济指标。若装入量过大，会导致喷溅增加，不但增大金属损失，而且熔池搅拌不好，钒渣质量不稳定，另外还使炉衬特别是炉帽寿命缩短；同时，供氧强度也因喷溅大而被迫降低，使提钒吹炼时间增长，半钢碳烧损严重。装入量过小，不仅降低生产率，而且更为严重的是因熔池过浅，炉底容易受来自氧气射流区的高温和高氧化铁的环流冲击而过早损坏，严重时甚至有可能使炉底烧穿而造成漏钢事故。在确定合理的装入量时，必须综合考虑以下因素：

（1）炉容比。炉容比的含义目前有两种观点。第一种，炉容比是指转炉新砌砖后转炉内部自由空间的容积（V）与金属装入量（T）之比，以 V/T 表示，单位为 m^3/t。第二种，炉容比是指转炉新砌砖后转炉内部自由空间容积（V）与公称吨位（T）之间的比值。转炉公称吨位（或转炉公称容量）是指该转炉炉役期设计的平均每炉出钢量。转炉的喷溅和生产率均与其炉容比密切相关，公称吨位一定的炉子，都要有一个合适的炉容比。合适的炉容比是从生产实践中总结出来的，它主要与铁水成分、氧枪喷头结构、供氧强度有关。目前，大多数顶吹转炉的炉容比选择在 0.7~1.10 之间，复吹转炉可小些。

（2）熔池深度。确定装入量时，除了考虑转炉要有一个合适的炉容比外，还必须要考虑合适的熔池深度，以保证提钒各项技术经济指标达到最佳组合。熔池深度 H 应大于氧气射流对熔池的最大穿透深度 h，实践证明 $h/H \leqslant 0.7$ 较为合理。攀钢转炉的熔池深度为 1.5~1.7m。

（3）转炉炼钢炉的装入量。为了保证每炉半钢尽可能——对应转炉炼钢，减少半钢组罐，因此提钒转炉的装入量应尽可能接近转炉炼钢炉的装入量。

氧气转炉提钒的装入制度有定量装入、定深装入、分阶段定量装入三种。通常大炉子多采用定量装入，小炉子多采用分阶段定量装入，定深装入制度由于生产组织困难，现已很少使用。

（1）定量装入指在整个炉役期间，保持每炉的金属装入量不变。这种装入制度便于生产组织，操作稳定，有利于实现过程自动控制，但炉役前期熔池深，后期熔池变浅，只适合大吨位转炉。

（2）定深装入指在整个炉役期间，随着炉膛的不断扩大，装入量逐渐增加，以保持每炉的金属熔池深度不变。

（3）分阶段定量装入指在一个炉役期间，按炉膛扩大的程度划分为几个阶段，每个阶段定量装入。

我国攀钢提钒转炉目前采用的是撇渣铁水定量装入，每炉装入量控制在 110~140t。经过撇渣后的高炉或脱硫铁水均可用于提钒，且要求撇渣后每罐铁水带渣量不大于 300kg。

【技能训练 3.3】　氧气转炉提钒装料操作

（1）兑铁水前中控工、炉前工确认铁水条件；

（2）摇炉工选择"炉倾地点选择开关"，并将开关选择到"炉前"位置，满足作业条件；

（3）摇炉工、中控工检查主令控制器，一次风机高速、二次除尘阀门正常打开。摇炉工将摇炉开关的手柄推向前倾位置，待炉口倾动至兑铁位角度时，将摇炉手柄推回零位，炉子则在该倾角上等待兑铁水；

（4）兑铁水时，炉前指挥人员、吊车工、摇炉工相互协作，随着铁水不断兑入转炉，摇炉手柄多次在前倾、零位处，将炉子不断前倾，直至兑完铁水；

（5）兑铁完毕后大罐在炉口停止 5~10s 后，指挥吊车将大罐移走；

（6）兑完铁水后，将摇炉开关手柄推向后倾，向后摇炉至加废钢位；

（7）废钢加完后，确认废钢槽离开炉口，移走吊车；

（8）摇炉开关手柄推向后倾，转炉摇炉回零位（炉子零位是指转炉处于垂直位置，也是炉口进入烟罩正中的工作位置）；

（9）关闭挡烟门。

3.5.4　氧气转炉提钒供氧操作

转炉提钒的供氧操作就是使氧气流股最合理地供给熔池，创造炉内良好的物理化学条件，完成吹炼任务。供氧制度（供氧操作）的主要参数有耗氧量、氧气流量、氧气压力、供氧枪位、吹氧时间以及喷头结构等，是控制吹钒过程的中心环节。

3.5.4.1　耗氧量

耗氧量因铁水成分和吹炼方式不同有很大的差异，同时耗氧量的多少也影响着半钢中的碳和余钒量的多少，耗氧量还与供应强度和搅拌情况有关，它们交互作用影响着提钒。要保证 $[V]_{余}$ 尽可能低，转炉提钒生产每吨铁耗氧量应大于一定的数值。

3.5.4.2　氧气流量

氧气流量指单位时间内向熔池供氧的数量，单位为 m^3/min。氧气流量是根据每吨金属所需要的氧气量、金属装入量和供氧时间等因素来确定的。氧气流量大使反应和升温加快，钒得不到充分氧化，过小的流量使供氧强度不够，搅拌不力，反应不能进行完全。

3.5.4.3　供氧强度

一般在吹氧初期可提高供氧强度，后期减少。

3.5.4.4　氧气工作压力

氧气工作压力是指氧气测定点的压力，也就是氧气进入喷枪前管道的压力，它不是喷头前的压力，更不是氧气出口压力。喷嘴前的氧压用 p_0 表示，出口氧压用 p 表示。p_0 和 p 都是喷嘴设计的重要参数。

出口氧压 p 应稍高于或等于周围炉气的气压。如果出口氧压小于或高出周围气压很多时，出口后的氧气流股就会收缩或膨胀，使得氧流很不稳定，并且能量损失较大，不利于吹炼，所以通常选用 $p = 0.118 \sim 0.123\text{MPa}$。

喷嘴前氧压 p_0 值的选用应根据以下因素考虑：

（1）氧气流股出口速度要达到超声速（$450 \sim 530\text{m/s}$），即 $Ma = 1.8 \sim 2.1$。

（2）出口的氧压应稍高于炉膛内气压。

3.5.4.5　吹氧时间

转炉提钒纯吹氧时间是指从开氧至该炉关氧的时间。转炉提钒冶炼时间是指从开始兑铁至该炉出半钢结束的时间为提钒冶炼时间。氧气转炉提钒纯吹氧时间与转炉吨位大小、原料条件、供氧强度及吹钒终点温度等有关，一般提钒纯吹氧时间为 $2.5 \sim 6\text{min}$。

3.5.4.6　氧枪枪位

氧枪枪位是指氧枪喷头出口端部到平静熔池金属液面间的距离，它是吹炼过程调节最灵活的参数。

转炉提钒生产氧枪枪位可以分为实际枪位、显示枪位、标准枪位，如图 3-18 所示。

实际枪位是指某时刻的氧枪喷头出口端部距平静熔池液面的高度，它与氧枪的位置和装入量及熔池直径有关。

显示枪位是操作计算机的显示值也是工控机的记录枪位，等于标准枪位与液面设定值的差值。标准枪位是指氧枪喷头出口端部距 0m 标高的距离，是计算机以激光检测点作为初值计算得来的。液面高度是人工设定的某一时期铁水液面（一般以平均装入量 120t 为准）相对于 0m 的标高。液面高度值只有在测枪确定误差较大时才改变，一般为定值。

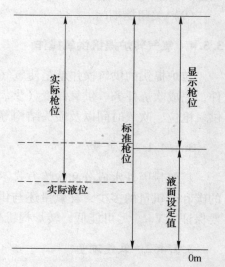

图 3-18　实际枪位、显示枪位、标准枪位示意图

当实际枪位不变时，装入量减少，标准枪位降低，显示枪位也随之降低；当显示枪位不变时，标准枪位也不变，如果装入量减少，实际枪位增加；当标准枪位不变（即枪不动），调低液面高度值，显示枪位相应增加。

氧气转炉提钒生产在确定合适的枪位时，主要考虑两个因素：一是要有一定的冲击面积；二是在保证炉底不被损坏的条件下，有一定的冲击深度。氧枪枪位可按经验确定一个控制范围，然后根据生产中的实际吹炼效果加以调整。

目前氧枪操作有两种类型，一种是恒压变枪操作，即在一炉钢的吹炼过程中，其供氧压力基本保持不变，通过氧枪枪位高低变化来改变氧气流股与熔池的相互作用，以控制吹炼过程。另一种类型是恒枪变压，即在一炉钢的吹炼过程中，氧枪枪位基本不动，通过调节供氧压力来控制吹炼过程。现一般采用恒压变枪位操作，低－高－低枪位操作模式。

某提钒炼钢厂，采用 435 和 339 氧枪喷头（结构见设备部分），供氧压力 0.7 ~ 0.8MPa，供氧量（标态）16000 ~ 18000m³/h，提钒过程氧枪控制见表 3-5。

表 3-5　不同枪位的吹氧时间

枪位/m	1.5	1.7	1.4 ~ 1.5	备　注
吹氧时间/min	0 ~ 3	3 ~ 5	>5	终点前应保证用 1.4 ~ 1.5m 枪位吹炼 0.5min

3.5.4.7　供氧设备

氧气转炉提钒供氧设备由氧枪、氧枪升降机械、换枪装置等组成。氧气顶吹转炉吹炼所需的氧气由氧枪输入炉内，通过氧枪头部的喷头喷射到熔池上面，氧枪是重要的工艺装置。

氧枪又称喷枪或吹氧管，是转炉吹氧设备中的关键部件，它由喷头（枪头）、枪身（枪体）和枪尾所组成，其结构如图 3-19 所示。氧枪的基本结构是由三层同心圆管将带有供氧、供水和排水通路的枪尾与决定喷出氧流特征的喷头连接而成的一个管状空心体。

氧枪喷头工作时处于炉内最高温度区，因此要求具有良好的导热性并有充分的冷却。喷头决定着冲向金属熔池的氧流特性，直接影响吹炼效果。喷头与管体的内层管用螺纹或焊接连接，与外层管采用焊接方法连接，如图 3-20 所示。喷头的类型、喷头上喷嘴的孔型、尺寸和孔数决定喷出氧流特征，直接影响氧气射流的冲击深度、分布和利用率的高低。

【技能训练 3.4】　氧枪枪位调节

（1）启动降枪前确认：转炉在"零位"，转炉主操作画面"零位"指示灯为红色；氧枪钢绳张力正常；氧枪操作地点为"本地"；确认氧气调节阀开度大小；氧枪无漏水；氧枪在等候点及以上；设备各联锁正常；挡烟门关闭；一次除尘风机运转正常；氧枪冷却水流量、温度正常值；汽包水位正常等。

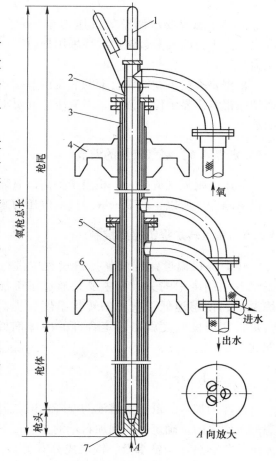

图 3-19　氧枪结构示意图

1—吊环；2—内层管；3—中层管；4—上卡板；
5—外层管；6—下卡板；7—喷头

（2）点击转炉基础设备自动化操作系统（L1 级操作机）主操作画面键。

（3）点击主操作画面氧枪"自动方式"键。

（4）点击主操作画面"下枪启动"键。

（5）根据铁水条件、炉口火焰、加料量、吹氧时间，判断过程变化情况，通过点击氧枪"点动上升/点动下降"键控制枪位。

（6）点击主操作画面"提枪启动"按钮，供氧结束。

图 3-20　喷头与氧枪枪身外层管连接方法

【技能训练 3.5】氧气压力的调节

按操作规程要求调整氧气压力至要求的范围内。由于目前大多数转炉吹炼采用分阶段恒压变枪操作，所以首先按炉龄范围调整氧气压力。

根据要求按下在操作台上的氧压调节按钮（分氧压上升按钮和氧压下降按钮），同时密切注视氧压显示仪的读数，当氧压达到要求时立即松手，氧压就被调整在显示仪所显示的数值上。

【技能训练 3.6】氧气流量的调节

氧压高则氧气流量大，相当于提高供氧强度；反之氧压低则氧气流量小，相当于降低了供氧强度。所以生产上一般通过氧气压力来调节氧气流量。

3.5.5　氧气转炉提钒温度控制

转炉提钒温度制度就是提钒过程中进行的温度控制操作，也叫冷却制度，是转炉提钒各项制度中的关键，主要是通过正确加入冷却剂来控制的。其目的是为了控制吹炼温度，使熔池低于吹钒的转化温度，提高钒的氧化率，达到"脱钒保碳"的目的。转炉提钒温度制度就是确定合理的冷却剂加入数量、加入时间以及各种冷却剂加入的配比。

3.5.5.1　冷却剂加入量

冷却剂加入的量以使熔池的温降速度与温升速度相当为宜，这样可以将温度控制在理想的范围之内。确定冷却剂加料量的主要依据是铁水的入炉温度、含钒铁水发热元素氧化放出的化学热（与铁水量、铁水成分有关）、吹钒终点温度和冷却剂的冷却强度等。可根据加入冷却剂吸收的热量和铁水中发热元素 C，Si，Ti，Mn，V 等氧化放出热量及使半钢从初始温度升高到吹钒转化温度所吸收的热量来计算。

$$M_{冷} = \frac{Q_{冷}}{q_{冷}} = \frac{Q_{化} - Q_{半}}{q_{冷}} = M_{铁} \frac{(x_C q_C + x_{Si} q_{Si} + \cdots) - (C_{铁} + K C_{渣})(T_{半} - T_{铁})}{q_{冷}}$$

式中　　　　　$M_{冷}$——冷却剂加入量，kg；

　　　　　　　$Q_{冷}$——冷却剂吸收的热量，J；

$q_冷$——冷却剂的冷却效应，J/kg；

$Q_化$——铁水中碳、硅、钛、钒等元素发热氧化放出的热量，J；

$Q_半$——半钢从初始温度上升到转化温度所吸收的热量，J；

$M_铁$——铁水质量，kg；

x_C，x_{Si}，x_{Ti}，…，x_V——铁水中碳、硅、钛、钒等元素氧化量，kg；

q_C，q_{Si}，q_{Ti}，…，q_V——铁水中碳、硅、钛、钒等元素发热氧化放出的热量，J/kg；

$C_铁$，$C_渣$——铁水和钒渣包括炉衬的质量热容（铁水取 1040J/（kg·K），钒渣和炉衬取 1230J/（kg·K）），J/（kg·K）；

K——钒渣（包括炉衬）相当于铁水重量的比例（可近似取 14%）；

$T_铁$，$T_半$——铁水和半钢的温度，℃。

冷却剂的冷却效应是指固态冷却剂（一般以 1kg 冷却剂为单位）被铁水加热熔化至铁水温度所吸收的热量，量纲为 kJ/kg。提钒用冷却剂冷却效应值比为铁块:废钒渣:冷固球团:铁皮球:铁矿石 = 1:1.5:3.5:5.0:5.6。

3.5.5.2　冷却剂种类

氧气转炉提钒为了控制吹炼温度，采用的冷却剂有生铁块、废钢、污泥球、氧化铁皮（铁皮球）、铁矿石、废钒渣等。常用提钒冷却剂的特点如下：

（1）生铁块的优点是可增加半钢产量，且不会降低半钢中钒的浓度（当然是钒钛磁铁矿所炼的生铁）；缺点是成本较高，冷却强度低，熔化慢。

（2）废钢的优点是可增加半钢产量，但会降低半钢中钒的浓度，影响钒在渣与铁间的分配，影响钒渣的质量。

（3）铁矿石既是冷却剂又是氧化剂。优点是冷却强度大，成本低；缺点是含（SiO_2）低，含（TiO_2）较高，调渣性能差，容易带入硫及（CaO）等杂质。

（4）冷固球团的优点是冷却强度适中，调渣作用明显；缺点是质量不稳定，粉尘量较大，利用率比铁矿石低，成本比铁矿石高。

（5）废钒渣的优点是产渣率高；缺点是熔化慢，操作不当容易出质量事故。

（6）氧化铁皮既是冷却剂又是氧化剂，除具有冷却和氧化作用外，还可以与渣中的（V_2O_3）结合成稳定的铁钒尖晶石（$FeO·V_2O_3$）。优点是可以减少铁的氧化，成渣快，冷却强度大，有利于提高钒渣品位。缺点一是会使钒渣中氧化铁含量显著增高，如加入时间过晚更为严重；二是从炉口加入存在安全隐患，从料仓加入比较困难。因此，目前采用把氧化铁皮压制成铁皮球的形式加入炉内。

3.5.5.3　冷却剂加入时间

氧气转炉提钒对冷却剂的要求是：冷却剂除了要求具有冷却能力外，还要有氧化能力，带入的杂质少。冷却剂加入时间控制主要考虑的因素有：

（1）能够降低前期升温速度；

（2）保证冷却剂在提钒终点时能够充分熔化。

冷却剂尽量在吹炼前期加入，吹炼后期不再加入任何冷却剂，使熔池温度接近或稍超过转化温度。

冷却剂的加入原则是"生铁块等量加入，用复合球、铁矿石等调节温度"。根据冷却剂熔化难易情况，实际生产中生铁块和废钒渣在开吹前加完，兑铁后，在开吹前用废钢槽由转炉炉口加入；铁矿石、氧化铁皮、铁皮球、冷固球团等冷却剂从炉顶料仓加入炉内，必须在吹氧 2min 内加完。

3.5.6　氧气转炉提钒终点控制

转炉兑入铁水后，通过供氧、加辅料操作，经过一系列物理化学反应，半钢温度达到 1340～1400℃，半钢成分为 $w([C]) \geq 3.2\%$，$w([V]) \leq 0.05\%$，转炉炉口火焰由暗红色转为明亮色（视为碳焰露头）的时刻，称为提钒终点。

提钒终点控制主要指半钢温度控制、半钢碳控制及钒渣（渣态、质量）控制三个方面。半钢是指含钒铁水经转炉、雾化炉提取钒渣之后，余下的金属称为半钢。目前要求半钢温度控制在 1360～1400℃，半钢碳含量 $\geq 3.7\%$。钒渣是指含钒铁水经过转炉等方法吹炼氧化成富含钒氧化物和铁氧化物的一种炉渣，钒渣 V_2O_5 品位要求 $\geq 17.0\%$。为了保证钒渣品位和半钢质量合格，要求用于提钒的铁水含钒量高，硅、锰、钛应低，硫、磷元素应尽量低。

3.5.6.1　出半钢和倒钒渣要求

（1）吹钒结束后，倒炉测温取样，然后出半钢，出半钢前向半钢罐内加入适量增碳剂或脱氧剂。

（2）出半钢时间 ≤ 4.5min 时必须下出钢口。

（3）若渣态稀出半钢 1/3～2/3 时必须向炉内加入挡渣镖。

（4）终点温度低于 1360℃ 或渣态不好、废钒渣未化完不出钒渣。

（5）出尽半钢后，摇炉至炉前出钒渣。禁止未出完半钢的炉次出钒渣。钒渣可 1～3 炉一出，每出一次钒渣必须取钒渣样。

3.5.6.2　出钒渣炉次操作注意事项

因进行留渣操作（2～3 炉出一次钒渣），一般连续 2 炉后要考虑出钒渣，出钒渣的炉次应注意：

（1）控制入炉铁水量不要太多，防止半钢出不完；

（2）生铁块数量控制在下限，少加或不加废钒渣，防止熔化不完全；

（3）吹炼终点温度靠上限，有利于渣金分离；

（4）控制好终点渣的氧化性，不能终点后吹扫炉口；

（5）出钒渣前和过程中必须确认渣态，避免夹有半钢。

终点温度低于 1360℃ 或渣态不好、废钒渣未化完则不出钒渣。

【想一想　练一练】

填空题

3-5-1　炉容比是指转炉新砌砖后转炉内部自由空间的容积（V）与_____之比，以 V/T 表示，单位 m³/t。

3-5-2　在提钒过程中通过加入冷却剂控制熔池温度在碳钒转换温度以下，达到_____的目的。

3-5-3　提钒吹炼前期，熔池处于_____状态，脱钒量占总提钒量的 70%。

3-5-4　提钒冷却剂除了要求具有冷却能力外，还要有_____。

3-5-5　提钒冷却剂加入时间的控制一是降低前期_____；二是保证冷却剂在提钒终点时能够充分熔化。

3-5-6　提钒冷却剂加入时间的控制一是降低前期升温速度；二是保证冷却剂在提钒终点时能够充分_____。

3-5-7　普通铁水 Si ≥ 0.20% 时、脱硫铁水 Si ≥ 0.25% 时，全程采用_____枪位控制。

3-5-8　铁水温度 ≤ 1200℃ 且 Si < 0.1% 炉次进行提钒处理时，_____加入冷却剂。

3-5-9　终点温度低于 1360℃ 或_____、废钒渣未化完不出钒渣。

3-5-10　钒在钒尖晶石中以_____形式存在。

3-5-11　钒渣中的夹杂相主要是_____。

3-5-12　钒渣中的最后凝固的组分是_____。

3-5-13　钒渣中 CaO 含量的影响因素最大的是_____。

3-5-14　钒渣 CaO 来源于铁水带渣外，还与辅助料和耐火材料含量_____。

3-5-15　钒渣质量与含钒铁水的化学成分_____。

3-5-16　提钒留渣操作有利于降低_____含量。

单项选择题

3-5-17　全连铸的大型转炉炼钢厂转炉装入制度应该是（　　　）。
　　　　A. 分阶段定量装入　　　　B. 定深装入　　　　C. 定量装入

3-5-18　转炉炉容比一般为（　　　）。
　　　　A. 0.6 ~ 0.8　　　　　　B. 0.7 ~ 1.10　　　　C. 1.4 ~ 1.6

3-5-19　转炉炉容比大的炉子（　　　）。
　　　　A. 容易发生喷溅　　　　B. 不发生喷溅　　　　C. 不易发生较大喷溅

3-5-20　关于炉容比的叙述，错误的有（　　　）。
　　　　A. 对于大容量的转炉，炉容比可以适当减小
　　　　B. 炉容比过小，供氧强度的提高受到限制
　　　　C. 炉容比一般取 0.3 ~ 0.7 之间

3-5-21　转炉炼钢炉容比是（　　　）。
　　　　A. T/V　　　　　　　　B. V/T　　　　　　C. VT　　　　　　D. V/t

3-5-22　转炉炼钢装入制度（　　　）适用于大型转炉。
　　　　A. 定量装入　　　　　　　　　　　　B. 定深装入
　　　　C. 分阶段定量装入　　　　　　　　　D. 分阶段定深装入

3-5-23　转炉炼钢炉容比是（　　　）。
　　　　A. 炉内容积/金属装入量　　　　　　　B. 炉内容积/每炉出钢量
　　　　C. 炉内容积/第一炉出钢量　　　　　　D. 炉内容积/平均出钢量

3-5-24　供氧强度是指（　　）。

A. 单位时间内每吨钢的耗氧量　　　　　B. 单位时内每吨金属的耗氧量

C. 单位时间内每炉钢的耗氧量

3-5-25　供氧制度中规定的工作氧压是测定点的氧气压力，也就是（　　）。

A. 氧气进入喷枪前管道中的压力　　　　B. 喷嘴出口压力

C. 喷嘴前的压力

3-5-26　氧枪喷头的作用是（　　）。

A. 压力能变成动能　　　B. 动能变成速度能　　　C. 搅拌熔池

3-5-27　氧枪喷嘴被蚀损的主要原因是（　　）。

A. 高温氧化　　　　　　B. 高温碳化　　　　　　C. 高温熔化

3-5-28　氧枪枪位是指氧枪喷头顶端与（　　）的距离，它是吹炼过程调节最灵活的参数。

A. 熔池平静液面　　　　B. 炉底　　　　C. 熔池渣面　　　D. 吹炼位置

多项选择题

3-5-29　装入制度的内容包括（　　）。

A. 确定转炉合理的装入量　　　　　　　B. 确定氧气消耗量

C. 确定造渣料使用重量

D. 合适的铁水、废钢（生铁块）比

3-5-30　转炉炼钢装入制度的种类有（　　）。

A. 定量装入　　　　　　　　　　　　　B. 定深装入

C. 分阶段定量装入　　　　　　　　　　D. 分阶段定深装入

3-5-31　转炉炼钢装入制度研究的内容有（　　）。

A. 铁水加入量　　　　　　　　　　　　B. 石灰加入量

C. 矿石加入量　　　　　　　　　　　　D. 废钢（生铁块）加入量

3-5-32　冷却剂加入的目的是控制（　　）温度，使熔池低于碳钒的（　　）温度，达到脱钒保碳的目的。

A. 入炉　　　　　　　　B. 吹炼　　　　　　　　C. 过程

D. 转化　　　　　　　　E. 终点

3-5-33　提钒确定加料量的主要依据是（　　）。

A. 冷却剂的冷却强度　　　B. 铁水条件　　　　C. 终点要求

D. 过程控制　　　　　　　E. 氧气压力

3-5-34　转炉提钒的两大主产品是（　　）。

A. 半钢　　　　　　　　B. 钒渣　　　　　　　　C. 污泥

D. 煤气　　　　　　　　E. 除尘灰

3-5-35　钒渣是指含钒铁水经过转炉等方法吹炼氧化成富含（　　）和（　　）的炉渣。

A. 硅氧化物　　　　　　B. 钒氧化物　　　　　　C. 钛氧化物

D. 锰氧化物　　　　　　E. 铁氧化物

3-5-36　钙钒比指钒渣中（　　）含量与（　　）含量的比值，它是评价钒渣质量的重要指标。
A. MFe   B. P   C. CaO
D. V_2O_5 E. TFe

3-5-37 钒渣由含钒物相、黏结相、夹杂相组成，其中含钒物相（铁钒尖晶石相）的熔点是（　　）℃，黏结相（铁橄榄石相）的熔点是（　　）℃。
A. 1700   B. 1600   C. 1500
D. 1400   E. 1220

3-5-38 炉样钒渣化验成分主要有（　　），SiO_2，V_2O_5，（　　）和 P。
A. TiO_2 B. CaO   C. MnO
D. MFe   E. TFe

判断题

3-5-39 炉容比是转炉装入量与转炉有效容积之比。（　　）

3-5-40 转炉新砌砖后内部自由空间的容积与金属装入量之比称为炉容比。（　　）

3-5-41 炉容比是指转炉新砌砖后内部有效容积（V）与公称吨位（T）的比值。（　　）

3-5-42 定量装入制度，在整个炉役期，每炉的装入量不变。其优点是生产组织简便，操作稳定，易于实现过程自动控制，因此适用于各种类型的转炉。（　　）

3-5-43 转炉定量装入就是在整个炉役期间每炉保持装入量不变。（　　）

3-5-44 熔池的深度等于氧气流股对熔池的最大穿透深度。（　　）

3-5-45 分阶段定量装入就是转炉在整个炉役期间，根据炉膛扩大程度划分几个阶段，每个阶段定量装入铁水废钢。（　　）

3-5-46 氧气流量指单位时间内向熔池供氧的数量。（　　）

3-5-47 氧枪的冷却水是从枪身的中层套管内侧流入从外侧流出的。（　　）

3-5-48 供氧制度的主要参数有氧气流量、氧气压力、供氧枪位、吹氧时间以及喷头形状等。（　　）

3-5-49 当氧压一定时，采用低枪位，氧气射流对熔池的冲击深度大但冲击面积小，熔池的搅拌力越强，可强化氧化速度。（　　）

3-5-50 在同样供氧量的条件下，供氧压力大可加强熔池搅拌，强化动力学条件，有利于提高钒等元素的氧化速度。（　　）

简答题

3-5-51 简述转炉提钒的工艺流程是什么？

3-5-52 什么叫钒渣？

3-5-53 什么叫转炉-转炉双联法？

3-5-54 实际枪位、显示枪位、标准枪位、液面高度的概念是什么？它们之间的有什么关系？

3-5-55 冷却剂加入的目的是什么？

3-5-56 钒渣铁含量对后步工序的影响是什么？

3-5-57 半钢余钒高是由哪些因素造成的？

论述题

3-5-58 提钒过程为什么要控制炉内温度？如何控制？

3-5-59 钒渣由哪几部分构成？金属铁在钒渣中存在的方式是什么？

任务 3.6　氧气转炉提钒的主要技术指标

【学习目标】

(1) 熟悉氧气转炉提钒的主要技术经济指标的含义;

(2) 会进行氧气转炉提钒主要技术经济指标的计算。

【任务描述】

氧气转炉提钒吹炼,为了了解生产情况,需应用一些经济指标衡量。

3.6.1　主要技术指标

主要技术指标如下:

(1) 钒渣折合产量。钒渣折合产量指粗钒渣扣除明铁 (MFe) 后按含 10% 的 V_2O_5 的折算量。

$$m_{折} = \frac{(m_{实} - m_{废})w(V_2O_5)[1 - w(MFe)]}{10\%}$$

式中　$m_{折}$——钒渣折合产量,kg;

$\quad\quad m_{实}$——钒渣实物量,kg;

$\quad\quad m_{废}$——废钒渣量,kg;

$w(V_2O_5)$——粗钒渣中五氧化二钒的质量分数,%;

$w(MFe)$——粗钒渣中明铁的质量分数,%;

$\quad\quad 10\%$——标准钒渣中五氧化二钒的质量分数。

(2) 钒回收率。转炉提钒工序的钒回收率是指生产钒渣中钒的绝对量占铁水中钒的绝对量的比例。

$$P_{回收} = \frac{m_{成,V}}{m_{铁,V}} \times 100\% = \frac{m_{折} \times 10\% \times 2 \times 51/182}{m_{铁水}w_{铁水,V} + m_{铁块}w_{铁块,V}} \times 100\%$$

式中　$P_{回收}$——钒回收率,%;

$\quad\quad m_{成,V}$——进入成品的钒总量,kg;

$\quad\quad m_{铁,V}$——铁水铁块含钒总量,kg;

$\quad\quad m_{铁水}$——铁水量,kg;

$\quad\quad w_{铁水,V}$——铁水含钒质量分数,%;

$\quad\quad m_{铁块}$——铁块量,kg;

$\quad\quad w_{铁块,V}$——铁块含钒质量分数,%。

(3) 钒氧化率。钒回收率总是低于钒氧化率的原因是部分钒渣流失、烟尘喷溅损失、出渣过程喷溅损失及磁选过程中的损失。

$$P_{氧化} = \frac{m_{铁水,V} - m_{半钢,V}}{m_{铁水,V}} \times 100\%$$

式中　$P_{氧化}$——钒氧化率，%；

　　　$m_{铁水,V}$——铁水含钒量，kg；

　　　$m_{半钢,V}$——半钢含钒量，kg。

（4）实物产渣率。

$$P_{实,渣} = \frac{m_实}{m_{铁水} + m_{生铁块}} \times 100\%$$

式中　$P_{实,渣}$——实物产渣率，%；

　　　$m_{铁水}$——提钒铁水量，kg；

　　　$m_{生铁块}$——生铁块量，kg。

（5）折合产渣率。

$$P_{折,渣} = \frac{m_折}{m_{铁水} + m_{生铁块}} \times 100\%$$

式中　$P_{折,渣}$——折合产渣率，%。

（6）吨渣铁耗是指生产1t折合钒渣所吹炼的含钒金属料的质量。

$$m_{渣,铁} = \frac{m_{铁水} + m_{生铁块}}{m_折}$$

式中　$m_{渣,铁}$——吨渣铁耗，kg。

（7）铁水提钒率。

$$P_{提钒} = \frac{m_{铁水}}{m_{总铁水}} \times 100\%$$

式中　$P_{提钒}$——铁水提钒率，%；

　　　$m_{总铁水}$——进厂铁水总量，kg。

（8）提钒纯吹氧时间指从开氧至该炉关氧的时间。

（9）提钒炉龄指一个炉役期间提钒（炼钢）的所有炉数。

（10）提钒冶炼时间指从开始兑铁至该炉出半钢结束的时间为提钒冶炼时间。

（11）提钒冶炼周期指某一段日历时间除以生产炉数（扣除炉役检修时间）。

$$K = \frac{t}{x}$$

式中　K——提钒周期，炉/天；

　　　t——日历时间（不含修护时间），天；

　　　x——提钒炉数，炉。

3.6.2　应用实例

【例3-3】　某炉装入量140t，生铁块5t，铁水生铁块平均含钒0.29%，半钢残钒0.03%，产钒渣4.2t，计算本炉次的实物产渣率和钒氧化率。

解：（1）由 $P_{实,渣} = \dfrac{m_实}{m_{铁水} + m_{生铁块}} \times 100\%$，得

$$P_{实,渣} = \frac{4.2}{140 + 5} \times 100\% = 2.90\%$$

（2）由 $P_{氧化} = \dfrac{m_{铁水,V} - m_{半钢,V}}{m_{铁水,V}} \times 100\%$，得

$$p_{氧化} = \frac{0.29\% - 0.03\%}{0.29\%} \times 100\% = 89.66\%$$

【**例 3-4**】　某班处理铁水 45000t，消耗生铁块 500t，铁水含钒 0.30%，生铁块含钒 0.32%，生产实物钒渣 1452t，破碎后绝废渣 152t，钒渣综合罐样 V_2O_5 为 17.5%，MFe12.1%，写出计算公式并计算：（1）钒渣折合量；（2）折合产渣率；（3）钒回收率。

解：（1）计算钒渣折合量。

由 $m_{折} = \dfrac{(m_{实} - m_{废})w(V_2O_5)[1 - w(MFe)]}{10\%}$，得

$$m_{折} = \frac{(1452 - 152) \times 17.5\% \times (1 - 12.1\%)}{10\%} = 1999.726t$$

（2）计算折合产渣率。

由 $P_{折,渣} = \dfrac{m_{折}}{m_{铁水} + m_{生铁块}} \times 100\%$，得

$$P_{折,渣} = \frac{1999.726}{45000 + 500} \times 100\% = 4.395\%$$

（3）计算钒回收率。

由 $P_{回收} = \dfrac{m_{折} \times 100\% \times 2 \times 51/182}{m_{铁水} \cdot w_{铁水,V} + m_{铁块} w_{铁块,V}} \times 100\%$，得

$$P_{回收} = \frac{1999.726 \times 10\% \times 2 \times 51/182}{45000 \times 0.30\% + 500 \times 0.32\%} \times 100\% = 82.0\%$$

【**想一想　练一练**】

计算题

3-6-1　已知某日铁水平均含钒 0.3%，某渣罐共装 7 炉，每炉铁水量 140t，半钢余钒为 0.035%，该罐的平均 $V_2O_5 = 18.2\%$，$MFe = 12.0\%$，绝废渣比例 12.0%，计算该罐的实物量和折合量。（不计吹损和出渣损失，钒、氧的原子量为 51 和 16）

3-6-2　某天处理铁水 17000t，消耗生铁块 100t，铁水含钒 0.30%，生铁块含钒 0.32%，生产实物钒渣 520t，破碎后绝废渣 60t，钒渣综合罐样 V_2O_5 为 17.5%，MFe 11.5%，计算：（1）钒渣折合量；（2）吨渣铁耗。（写出计算公式）

项目4　钒氧化物的生产

任务4.1　钒渣钠化焙烧法生产五氧化二钒

【学习目标】

（1）掌握钒渣钠化焙烧法生产五氧化二钒工艺流程；

（2）熟悉钒渣钠化焙烧法生产五氧化二钒的基本原理；

（3）熟悉钠化焙烧、浸出、沉钒等工序的影响因素；

（4）了解钠化焙烧、浸出、沉钒等工序的主要生产设备；

（5）能应用所学理论知识对五氧化二钒生产的实际问题进行分析、判断及控制。

【任务描述】

钒的氧化物是重要的钒产业的中间产品，其中五氧化二钒是钒的主要产品之一，为灰褐色片状氧化物。该产品主要作为冶炼钒铁等产品的原料，在化工、医药中作为触媒剂，在核工业、电子、电影、陶瓷等方面也有广泛的用途。世界上五氧化二钒的生产国家主要是南非、中国、俄罗斯、美国和日本等，生产方法基本相同。本任务主要介绍钒渣钠化焙烧法生产五氧化二钒工艺流程及主要生产设备，详细分析生产中影响钠化焙烧、浸出、沉钒等工序的因素。

4.1.1　钒渣钠化焙烧法生产五氧化二钒工艺流程

氧化钒的生产实际上就是将不纯的低价氧化钒化合物（钒渣、石煤等原料）转变为高价或者低价纯净的氧化钒（五氧化二钒、三氧化二钒）的过程。五氧化二钒的制备方法因原料的不同有很大差异，但其生产工艺的原理和流程大致相似。

在氧化钒的生产过程中，钒渣中的钒要先后经历两次转变：第一次转变是从第一类固体钒转变为液体钒，目的是初步实现钒的分离；第二次转变是从液体钒转变为第二类固体钒，目的是实现钒的富集，获得纯净的第二类固体。第一类固体包括钒渣、石煤、钒钛磁铁矿精矿、提钒返渣（尾渣、残渣、弃渣）、混合料（精钒渣混合料）、焙烧熟料、废催化剂、石油灰渣等；第二类固体包括多（聚）钒酸铵（APV）、五氧化二钒、三氧化二钒。液体就是指浸出液（包括浸出原液、合格液）。

由项目三钒渣的物相结构可知，钒在钒渣中主要以 V^{3+} 离子状态存在于尖石物相中。从钒渣中提钒主要是将低价钒 V^{3+} 氧化成高价钒 V^{5+}，使之生成溶解于水的钒酸钠，再用水浸出到溶液中使钒与固相分离，然后再从溶液中沉淀出钒酸盐，使钒与液相分离，最终将钒酸盐转化成五氧化二钒。

　　国际上以钒渣生产五氧化二钒的技术是十分成熟的工艺技术，传统的钒渣钠化焙烧法生产五氧化二钒的工艺流程主要包括原料预处理、氧化焙烧、熟料浸出、沉钒及熔化五个工序。此外，考虑清洁生产的问题一般还有第六道工序，即含钒废水的处理。具体流程如图 4-1 所示。

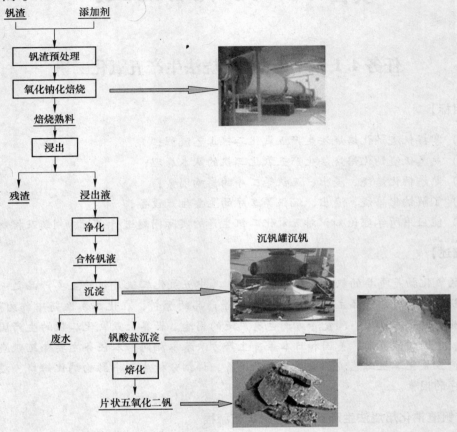

图 4-1　钒渣钠化焙烧法生产五氧化二钒的工艺流程图

4.1.2　原料预处理

4.1.2.1　原料

　　钒渣钠化焙烧法生产五氧化二钒的原料包括钒渣和添加剂。

　　A　钒渣

　　钒渣是钒的初级产品，其物相结构包括主要钒尖晶石与硅酸盐相。钒尖晶石是二价金属氧化物（FeO，MnO，CaO，MgO 等）与三价金属氧化物（V_2O_3，Fe_2O_3，Ti_2O_3，Al_2O_3，Cr_2O_3 等）按 1:1 的摩尔比组成的复杂矿物，其最简单的形式为 $FeO \cdot V_2O_3$。钒渣中含钒量的高低对焙烧过程中钒的转化率有显著的影响，国外研究认为：从焙烧的角度来看，钒渣的最佳钒含量为 14.6%~14.7% V_2O_5；杂质含量的多寡对焙烧过程、产品质量、工艺技术指标等均有不利的影响。关于钒渣质量的影响已经在项目三中详细讨论。

在钒渣的微观结构中，硅酸盐相主要为橄榄石。橄榄石是铁、锰、镁、钙四种二价金属与硅生成的正硅酸盐的总称，形成的这四种橄榄石依次称为铁橄榄石、锰橄榄石、镁橄榄石、钙橄榄石，它们的化学式依次为 Fe_2SiO_4，Mn_2SiO_4，Mg_2SiO_4，Ca_2SiO_4，也可以表示为 $2FeO \cdot SiO_2$，$2MnO \cdot SiO_2$，$2MgO \cdot SiO_2$、$2CaO \cdot SiO_2$。两种表示方式看似一样，实则不同。前者是正硅酸盐，酸根为正硅酸根，其中的金属离子与硅酸根之间的化学结合键比较强，不容易破坏。这在钒渣的焙烧中是最为有害的一种硅的存在形式，被称为活性硅；而后者则是两种氧化物之间的结合，没有硅酸根，其结合力比较弱，容易破坏，这时的硅在焙烧过程中不再有不良影响，这种形式可以看成是铁橄榄石氧化后的一种变形，也就是说氧化能够减弱甚至消除橄榄石原有化学键的结合力，减弱甚至消除硅的有害作用。这也是钒渣要进行氧化焙烧的理论依据。

橄榄石主要起黏结作用，把钒尖晶石包裹起来。因此，要提取钒渣中的钒，首先要把包裹钒尖晶石的橄榄石相破坏掉，让钒尖晶石暴露出来，才能进行钒的提取。橄榄石的结构十分稳定，通常不容易被破坏分解，特别是镁橄榄石与钙橄榄石的破坏分解就更加困难，因为钙与镁不是可变价金属，不能被氧化气氛氧化，只有通过提高温度来在橄榄石中产生热应力，从而使橄榄石破裂分解，达到破坏橄榄石结构的目的，这显然需要更高的温度才能破坏镁橄榄石与钙橄榄石，通常情况下破坏温度要比普通钒渣高出 70~80℃，这就是高钙、高镁钒渣的焙烧温度要高些的原因。

【技能训练 4.1】 标准钒渣计算

标准钒渣是指无可视机械杂物、无水、无金属铁、五氧化二钒含量为 10% 的钒渣，这是一个虚拟的概念，是一个折合的概念，又称为折合渣。标准钒渣的引入主要是为了便于比较与计量，每吨实物钒渣折合成标准钒渣的量称为标准钒渣折合系数，通常简称折合系数。标准钒渣的相关计算公式为：

$$K_{折} = \frac{(1 - w_{杂} - w_{水} - w_{铁})w_{钒}}{10\%} \tag{4-1}$$

$$m_{折} = K_{折} m_{实} \tag{4-2}$$

式中　$K_{折}$——折合系数；

$w_{杂}$——实物钒渣中的可视机械杂物含量，%；

$w_{水}$——实物钒渣中的水分含量，%；

$w_{铁}$——实物钒渣中的金属铁含量，%；

$w_{钒}$——实物钒渣中的五氧化二钒含量，%；

10%——标准钒渣的五氧化二钒含量；

$m_{折}$——折合量，kg；

$m_{实}$——实物钒渣量，kg。

【例 4-1】　现有纯净的钒渣实物量 100kg，其中含水 5%，含金属铁 12%，五氧化二钒含量为 25%。试计算：（1）折合系数；（2）折合量。

解： 由已知条件知：

钒渣实物量 $m_{实}$ = 100kg；

钒渣可视杂物含量 $m_{杂}$ = 0；

钒渣水分含量 $m_水 = 5\%$ ；

钒渣金属铁含量 $m_铁 = 12\%$ ；

钒渣五氧化二钒含量 $m_钒 = 25\%$ 。

折合系数： $K_折 = \dfrac{(1 - m_杂 - m_水 - m_铁)m_钒}{10\%} = \dfrac{(1 - 0 - 5\% - 12\%) \times 25\%}{10\%} = 2.075$

折合量： $m_折 = K_折 m_实 = 2.075 \times 100 = 207.5 \text{kg}$

【技能训练 4.2】 钒与氧化钒之间的相互折算

通常所说的钒是指金属钒（V），其原子量为 51。氧化钒包括 V_2O_5 ， V_2O_4 ， V_2O_3 ，它们的分子量分别为 182，150，166，它们的钒含量分别为 102/182（ = 56.044%），102/166（≈61.446%），102/150（ = 68%）。参照这些数据，它们之间的换算关系计算如下：

$1 \text{kgV} = 1/56.044\% = 1.785 \text{kgV}_2O_5$

$1 \text{kgV}_2O_5 = 1/1.785 = 0.56044 \text{kgV}$

$1 \text{kgV} = 1/68\% = 1.471 \text{kgV}_2O_3$

$1 \text{kgV}_2O_3 = 1/1.471 = 0.68 \text{kgV}$

$1 \text{kgV} = 1/61.446\% = 1.627 \text{kgV}_2O_4$

$1 \text{kgV}_2O_4 = 1/1.627 = 0.61446 \text{kgV}$

$1 \text{kgV}_2O_5 = 56.044\%/68\% = 0.824 \text{kgV}_2O_3$

$1 \text{kgV}_2O_5 = 56.044\%/61.446\% = 0.912 \text{kgV}_2O_4$

$1 \text{kgV}_2O_3 = 68\%/56.044\% = 1.213 \text{kgV}_2O_5$

$1 \text{kgV}_2O_4 = 61.446\%/56.044\% = 1.096 \text{kgV}_2O_5$

$1 \text{kgV}_2O_4 = 61.446\%/68\% = 0.904 \text{kgV}_2O_3$

$1 \text{kgV}_2O_3 = 68\%/61.446\% = 1.107 \text{kgV}_2O_4$

【例 4-2】　现有片状五氧化二钒 100kg，其品位为 95%，试计算：（1）金属钒量；（2）五氧化二钒量；（3）标准三氧化二钒量；（4）标准四氧化二钒量。

解：（1）金属钒量为 $100 \times 95\% \times 56.044\% \approx 53.24 \text{kg}$；

（2）五氧化二钒量为 $100 \times 95\% = 95 \text{kg}$；

（3）标准三氧化二钒量为 $95 \times 0.824 \approx 78.28 \text{kg}$；

（4）标准四氧化二钒量为 $95 \times 0.912 \approx 86.64 \text{kg}$。

B　添加剂

对苏打法来说，为了提取钒渣中的钒，要使之变为能溶解于水的钒酸钠。配入量的多少取决于钒渣的成分。

常用添加剂的主要性质：

（1） Na_2CO_3 ——俗称苏打、纯碱。白色粉末易溶于水并发热，水溶液呈碱性。熔点为 850℃，是较稳定物质，常压下分解温度为 2000℃，有酸性氧化物存在时可降低分解温度。

（2） NaCl ——俗称食盐，白色粉末，熔点为 800℃，空气中易潮解，易溶于水中。焙烧时与五氧化二钒作用放出氯气或氯化氢，污染大气，要处理排放。

（3）Na_2SO_4——俗称无水芒硝，元明粉。白色粉末，易溶于水中，熔点为884℃。属于难分解和不发挥的盐类，纯物质在常压下3177℃分解，酸性氧化物存在时可降低分解温度，例如，有五氧化二钒存在时，分解温度可降低到740℃。工业上多使用无水芒硝作为添加剂。焙烧时与五氧化二钒作用放出二氧化硫或三氧化硫要处理后排放。

4.1.2.2　原料预处理工艺

原料预处理的工艺流程包括钒渣破碎、球磨、除铁、配料（配入添加剂）、混料等。

A　钒渣预处理

原料预处理的主要步骤是钒渣预处理。由提钒炼钢厂生产的钒渣通常呈糊状，冷凝后为块状物质，单块重量通常在30t左右，且含有大量的金属铁以及其他杂物等，因而不能直接使用，需要预先进行处理。钒渣预处理是保证焙烧效果的前提，其主要目的是破碎粗品钒渣，为钒的氧化钠化焙烧提供优质的原料。

钒渣预处理的主要任务是：提供粒度适合氧化钠化焙烧的钒渣；降低精粉钒渣（即精渣）中的金属铁（MFe）含量。通常钒渣预处理包括两个步骤：

第一步进行精整处理，让粗钒渣达到一定的块度，并将其中的金属铁与杂物选出。精整作业按照多破多选工艺执行，得到的产物为精钒渣与绝废渣。绝废渣不是因为它是绝对的废物，而是从钒渣处理的角度来看以目前的技术水平不能再进行处理了，故不再进行破碎磁选处理，可以进行单独的电炉熔分回收钒渣与半钢或者返回提钒炉作为提钒冷却剂使用。

第二步将精钒渣磨细，选出其中残存的金属铁，并使其达到一定的粒度要求，得到精钒渣粉。通常要求精钒渣粉中残存的金属铁含量不得超过5%，粒度以70%以上通过120目筛为宜。粒度的大小通常由转炉钒渣中钒尖晶石的晶粒大小来决定，晶粒较大的时候粒度可以稍微大些，否则就要求更小的粒度。

钒渣除铁的目的是为了避免金属铁在氧化焙烧过程中，由于金属铁氧化反应时要放出大量的热量，致使炉料黏结。金属铁的分离与粒度的控制可以采用磁选法、筛分法、风选法来进行。磁选法是利用金属铁的磁性用磁铁将其分离出去。由于钒渣本身的磁性很强，磨细后如果采用磁选的方法会夹带大量的钒渣粉，造成渣铁分离困难，因而一般情况下不采用磁选法。实际生产中常用风选法和筛分法。筛选法是利用一定孔径的筛子将大颗粒的金属铁筛分出去。由于钒渣磨细后金属铁的分布与粒度有关系，大量的金属铁总是分布在少量的粒级中，这就可以通过筛分的方法来去除金属铁，与此同时完成了粒度控制。风选法是利用金属铁密度大的特点，控制风力，将之分离出去。风选法控制粒度与分离金属铁的原理与筛分法类似。

B　混配料

精钒渣粉混配料是将一定量的钒渣粉与添加剂，按要求的比例混合均匀的过程。配料一般有按重量控制（间歇式）和按流量控制（连续式）两种方法。按重量控制时是先分别用秤称量好钒渣、添加剂后，再混合。重量法比较简单，容易控制准确。流量控制法是控制钒渣、添加剂分别以一定的流量连续地从料仓中流出，边输送边混合。流量法对控制流量要求严格，准确控制较难。

在混配料过程中为了避免粉尘飞扬，适当加些水分，可湿润物料，增加了钠盐与钒渣之间的接触面积对焙烧有好处。

4.1.2.3　原料预处理设备

A　破碎、粉碎设备

常用的破碎、粉碎设备有颚式破碎机和球磨机。颚式破碎机由颚板绕固定轴心摆动，使钒渣受挤压破裂和弯曲破碎。

球磨机（如图 4-2 所示）的主要功能是研磨并辅有破碎钒渣的功能。研磨主要是通过渣-渣、渣-铁（粒）、铁（粒）-铁（粒）、渣-球间的相互作用来实现的，对研磨起作用最大的是铁粒，这也是球磨机倒掉铁粒初期精钒渣粉呈尖角而略显粗糙的主要原因。球磨机内的大钢球主要起破碎的作用，搭配合适比例的大钢球有利于提高球磨机的效率。球磨机的内部结构如图 4-3 所示。

图 4-2　球磨机外观图

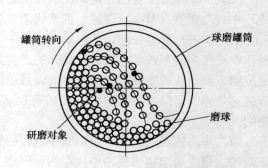

图 4-3　球磨机内部结构图

从球磨机实际运行的角度来看，对精钒渣的水分含量要有要求，通常精钒渣的水分含量不得超过 2%，甚至更低一些。这是因为在球磨过程中钒渣中的水分变为水蒸气逸出，使其温度急剧上升，导致球磨机不能运行；此外，球磨机内钒渣粉被润湿会导致排料困难。

B　给料设备

常用的给料设备有圆盘给料机、电磁振动给料机、螺旋给料机，此外还有星形给料机、带式给料机、板式给料机等，可根据具体物料情况选用。

C　除铁设备

除铁设备有干式磁选机、振动筛、风选机、旋风式分级机等。

D　其他设备

其他设备还包括输送设备、混料机、料仓等。

4.1.3　钠化焙烧工序

4.1.3.1　焙烧原理

焙烧是将钒渣在氧化气氛下加热，使钒渣物相氧化分解，再将分解出来的相关氧化物氧化后与钠盐反应生成水溶性的钒酸钠的过程。钒渣钠化焙烧的目的主要包括：

（1）破坏钒渣结构，让目标矿相——钒尖晶石暴露出来；

（2）利用氧化气氛氧化暴露出来的钒尖晶石，将钒由低价氧化为高价；

（3）加入钠盐可以生成水溶性的钒酸钠，有利于后序的水浸操作，另外钠盐的加入可以降低焙烧温度。

根据 4.1.2 节对钒渣矿相的分析，焙烧过程中矿相被破坏的历程为：

（1）铁橄榄石：

$$Fe_2SiO_4 \longrightarrow 2FeO \cdot SiO_2 \longrightarrow 2Fe_2O_3 + SiO_2$$

铁橄榄石的氧化分解起两个作用：一是暴露了钒尖晶石；二是实现了硅的无害化，把硅酸根分解成了游离的 SiO_2，由于游离的 SiO_2 十分稳定，在焙烧温度下不会与钠盐反应生成硅酸钠，最后进入水浸残渣中。

（2）钒尖晶石：

$$Fe(VO_2)_2 \longrightarrow FeO \cdot V_2O_3 \xrightarrow{\text{氧化}} Fe_2O_3 + V_2O_5 \xrightarrow{+ Na_2CO_3 \text{ 钠化}} NaVO_3 + CO_2 \uparrow$$

在矿相被破坏的过程中，经历物料从低温到高温再逐渐降温的连续过程，主要物理化学反应包括：

（1）300℃左右，铁的氧化。

$$Fe + 0.5O_2 \longrightarrow FeO$$
$$2FeO + 0.5O_2 \longrightarrow Fe_2O_3$$

（2）500~600℃，黏结相铁橄榄石氧化分解。

低价氧化物氧化：　　$2FeO \cdot SiO_2 + 0.5O_2 \longrightarrow Fe_2O_3 \cdot SiO_2$

复合氧化物分解：　　$Fe_2O_3 \cdot SiO_2 \longrightarrow Fe_2O_3 + SiO_2$

（3）600~700℃：

1）尖晶石氧化分解。

Fe^{2+} 氧化为 Fe^{3+}：　$FeO \cdot V_2O_3 + FeO + 0.5O_2 \longrightarrow Fe_2O_3 \cdot V_2O_3$

V^{3+} 氧化为 V^{4+}：　　$Fe_2O_3 \cdot V_2O_3 + 0.5O_2 \longrightarrow Fe_2O_3 \cdot V_2O_4$

V^{4+} 氧化为 V^{5+}：　　$Fe_2O_3 \cdot V_2O_4 + 0.5O_2 \longrightarrow Fe_2O_3 \cdot V_2O_5$

分解：　　　　　　　　$Fe_2O_3 \cdot V_2O_5 \longrightarrow Fe_2O_3 + V_2O_5$

2）钠化反应。五氧化二钒与钠盐反应生成水溶性的钒酸钠。

$$V_2O_5 + Na_2CO_3 \longrightarrow 2NaVO_3 + CO_2 \uparrow$$
$$V_2O_5 + Na_2SO_4 \longrightarrow 2NaVO_3 + 1/2SO_2 \uparrow$$
$$V_2O_5 + 2NaCl + H_2O \longrightarrow 2NaVO_3 + 2HCl \uparrow$$
$$V_2O_5 + 2NaCl + 1/2O_2 \longrightarrow 2NaVO_3 + Cl_2 \uparrow$$

反应中生成的气体有利于得到比较疏松多孔的焙烧熟料，对氧化过程中氧气的输送是有利的，也有利于后续的浸出操作。

3）五氧化二钒与铁、锰、钙等氧化物生成酸溶性的钒酸盐。

$$V_2O_5 + CaO \longrightarrow Ca(VO_3)_2$$
$$V_2O_5 + MnO \longrightarrow Mn(VO_3)_2$$
$$V_2O_5 + Fe_2O_3 \longrightarrow 2FeVO_4$$

（4）钠化反应不具有选择性，在形成钒酸钠的同时也生成了铬酸钠、铁酸钠、铝酸钠、钛酸钠、硅酸钠，既增加了添加剂的消耗，也恶化了生产过程。

$$Na_2CO_3 + Al_2O_3 \longrightarrow Na_2O \cdot Al_2O_3 + CO_2 \text{（920℃生成）}$$

$$Na_2CO_3 + Fe_2O_3 \longrightarrow Na_2O \cdot Fe_2O_3 + CO_2 \text{（800℃生成，1060℃相变，1280℃熔化）}$$

$$Na_2CO_3 + TiO_2 \longrightarrow Na_2O \cdot TiO_2 + CO_2 \text{（780℃生成，980℃熔化）}$$

$$Na_2CO_3 + SiO_2 \longrightarrow Na_2O \cdot SiO_2 + CO_2 \text{（820℃生成）}$$

$$2Na_2CO_3 + SiO_2 \longrightarrow 2Na_2O \cdot SiO_2 + 2CO_2 \text{（850℃生成）}$$

$$Na_2CO_3 + Al_2O_3 + 2SiO_2 \longrightarrow Na_2O \cdot Al_2O_3 \cdot 2SiO_2 + CO_2 \text{（760℃生成）}$$

$$4Na_2CO_3 + 2Cr_2O_3 + 3O_2 \longrightarrow 4(Na_2O \cdot CrO_3) + 4CO_2$$

$$3Na_2CO_3 + P_2O_5 \longrightarrow 3Na_2 \cdot P_2O_5 + 3CO_2$$

当上述产物在水浸时，可溶性的盐溶解到水中，部分产物将发生水解。

4.1.3.2 影响焙烧转化率的因素

焙烧转化率是熟料中转化为水溶性的钒量占全钒之比例。影响焙烧转化率的因素很多，既有钒渣质量的影响，也与钒渣的结构和化学成分有关。

A 钒渣的粒度

通常说来，钒渣粒度越细，钒尖晶石暴露越充分，越有利于钒的氧化。因此一般要求钒渣颗粒应小于 0.1mm，通常以 120 目筛（0.074mm）测定钒渣粒度，要求钒渣有 70%~90% 通过 120 目。不足 70% 表示钒渣粒度过粗，不利于钒的转化；高于 90% 表示钒渣粒度过细，虽然有利于钒的转化，但是焙烧熟料的浸出困难，产生大量的悬浮物，不易澄清。

钒渣粒度的大小并不是一成不变的，要根据钒渣中钒尖晶石的粒度大小做出调整，钒尖晶石的粒度越大，则钒渣的粒度可以大一些，否则钒渣的粒度应该更细小。

B 添加剂的种类

通常钒渣焙烧使用的添加剂有工业碳酸钠（纯碱）、工业氯化钠（食盐）和工业硫酸钠（无水芒硝）。对钒渣提钒来说，纯碱是主要的添加剂，再配入一定量的食盐和工业硫酸钠。

采用混合钠盐作为添加剂的好处是可降低成本，同时对提高焙烧转化率和降低浸出液碱性是有利的。通常工业氯化钠和工业硫酸钠的配入量为苏打的 30%~50%。对含硅高的钒渣可减少苏打量，多配些工业氯化钠和工业硫酸钠，对避免硅高带来的影响和提高转化率是有效的。

C 添加剂的用量

添加剂配入量的多少是影响钒渣焙烧转化率的重要因素之一。在不影响焙烧转化率的条件下，为了降低成本和使工艺顺行，应尽量减少添加剂的用量。添加剂的配入量取决于钒渣的含钒量，还与钒渣中杂质的多少有关。

在苏打比一定的条件下，对含钒较高的钒渣配入量的钠盐量和炉料中生成的钒酸钠相对多些，低熔点的产物较多，会使炉料发黏，将造成炉料黏结，使生产不能正常进行。因此，在配入添加剂的同时，需要再配入一定比例的浸出残渣，降低炉料中的含钒量。最终使混合料中的含钒量控制在一定范围内，可使炉料顺行，并有利于提高焙烧转化率，要通过试验来确定合适的返回残渣配入量。

添加剂的用量除了要考虑钒的含量之外，还应考虑铁、硅、钛、铝、铬等的含量。硅含量高的钒渣焙烧过程中要生成硅酸钠，对浸出不利。铁、钛含量高的钒渣，在焙烧过程中要消耗钠盐，生成铁酸钠与钛酸钠，这两种钠盐在水浸过程中会水解而将钠盐释放出来进入溶液，使浸出液的 pH 值升高，恶化浸出操作。所以铁、钛高的钒渣，既消耗了钠盐，也恶化了浸出操作，这是我们不希望看到的。最终焙烧钠盐的添加量必须综合考虑钠盐的消耗因素，确保有足够的钠盐来生成钒酸钠，否则在焙烧过程中会生成不溶于水的钒青铜。

【技能训练 4.3】　添加剂用量计算

精钒渣粉中配入添加剂的比例通常用碱比来表示。碱比包括苏打比与配碱比两种表示方法，前者是苏打量（以苏打量表示配入的所有添加剂总量）与五氧化二钒质量之比，主要用于计算；后者主要是指纯碱质量与钒渣质量之比，主要用于实际生产操作。例如配碱比为 25，就表示纯碱∶精钒渣粉 = 25∶100。

苏打比要根据钒渣的钒含量以及杂质含量的高低来确定，通常情况下其值为 1.3 ~ 1.7 左右。其计算公式为：

$$R = \frac{苏打量}{钒渣中\ V_2O_5\ 量} = \frac{m_{苏打} \cdot w_{Na_2CO_3}}{m_{V_2O_5}} \tag{4-3}$$

式中　R——苏打比；

$\quad m_{苏打}$——苏打的实物质量，kg；

$\quad w_{Na_2CO_3}$——苏打中碳酸钠的含量，%；

$\quad m_{V_2O_5}$——五氧化二钒的质量，kg。

【例 4-3】　精钒渣粉的金属铁含量 5%，五氧化二钒含量 15%，苏打比为 1.5，苏打的碳酸钠含量为 98%，试计算每 100kg 精钒渣粉中需要添加的苏打实物量。

解：由已知条件得

五氧化二钒质量 $m_{V_2O_5} = 100 \times (1 - 5\%) \times 15\% = 14.25 kg$。

碳酸钠质量 $m_{Na_2CO_3} = 14.25 \times 1.5 = 21.375 kg$。

则纯碱实物量为：$m_{碱} = 21.375/98\% \approx 21.811 kg$。

D　焙烧温度

不论何种焙烧炉，钒渣在炉内焙烧的温度，实际上是连续地从低温到高温，再从高温到低温逐渐变化的过程，很难严格区分。但是从钒渣和钠盐在炉内的反应变化过程来看，通常将炉内反应分为氧化阶段、钠化阶段（或称为烧成阶段）和冷却阶段三个阶段。

氧化阶段主要是钒渣脱水、炉料预热、金属铁、低价氧化物（FeO，MnO，V_2O_3 等）氧化及分解的阶段，一般从钒渣进入炉内开始，到 600℃ 左右完成的阶段。炉料预热的作用很重要，预热效果好有利于后面焙烧反应。

钠化阶段是指从 600℃ 开始到焙烧最高温度之间的阶段，焙烧的最高温度对多膛炉控制在 800℃ 左右。温度过高易引起炉料熔化结球，影响正常操作。在确保炉况的情况下，该区域的温度应尽可能提高。

　　冷却阶段是指从焙烧最高温度降低到 600℃ 左右这一阶段。也就是说冷却到 600℃ 左右就要出炉，对多膛炉的最下层温度控制在 700℃ 左右，然后出炉冷却。熟料出炉温度是保证较高钒转化率的关键条件之一。焙烧后熟料出炉后要急冷，否则钒转化率将降低。其主要原因是缓慢冷却时，将使已经生成的可溶性偏钒酸钠在结晶时脱氧变成不溶于水的钒青铜。因此，要求必须在偏钒酸钠熔点（550℃ 左右）以上的温度出炉冷却，可避免或减少钒青铜的产生，防止转化率降低。

　　焙烧过程中除了保证足够的温度，为保证氧化钠化反应的平稳进行，还必须有有序的温度梯度。温度梯度控制合适，可以使炉料预热充分，均匀热透，避免夹生料的生成，提高钒的焙烧转化率。

　　E　焙烧时间

　　焙烧时间可分为氧化时间和钠化时间，氧化时间指钒渣中低价氧化物氧化为高价状态（氧化带），所需要的时间，钠化时间指五氧化二钒与钠盐反应生产钒酸钠（钠化带）所经过的时间。

　　根据钒渣结构的特点，氧化时间内要使低价氧化物氧化，在这一时间内，要完成金属铁的氧化、低价氧化铁氧化为高价、硅酸盐分解、尖晶石的氧化及分解过程。因此，只有前面的氧化分解过程完成后，尖晶石才能氧化分解，也就是说只有铁等氧化充分，低价钒才能氧化，低价铁是五价钒的还原剂。可见，必须要保证充足的氧化时间才能使氧化反应充分进行，从而保证较高的钒转化率。根据钒渣成分、结构和粒度等条件的差异，一般炉料在氧化带的停留时间为 1～3h。

　　钠化阶段发生五氧化二钒与钠盐相互作用生成可溶性钒酸钠的反应，因此也必须保证足够的时间，使反应充分发生。一般要求炉料的钠化带停留时间为 1～3h。

　　冷却时间根据冷却温度（600℃ 左右出炉）确定，一般时间很短。

　　F　钒渣成分

　　项目三曾详细讨论了钒渣成分对后续生产的影响，总结下来包括以下几方面：

　　（1）恶化焙烧炉况。当钒渣中的金属铁含量过高时，会出现急剧氧化使炉料熔化烧结而恶化焙烧炉况；当钒渣中的二氧化硅与五氧化二钒之比超过 1.0 时，焙烧过程中形成大量的硅酸钠，也会使炉料黏结、包裹而恶化焙烧炉况。

　　（2）增加添加剂的用量。当钒渣中的 SiO_2，Al_2O_3，Cr_2O_3，Fe_2O_3，TiO_2，P_2O_5 等含量增加时，需要消耗大量的钠盐；同时其产物会给浸出工序带来负面影响。

　　（3）增加焙烧的能源消耗。实验表明，钒渣中 CaO，MgO 含量每提高 1%，焙烧温度需要提高 20℃ 以上。

　　（4）降低焙烧的生产能力。实验表明，钒渣中 V_2O_5 的含量每降低 1%，焙烧生产能力要降低约 5.5%。

　　（5）增大焙烧物料全钒调节的难度。随着钒渣中钒含量的降低，再将焙烧物料的全钒含量控制在 5%～6% 就十分困难；如果仍然将全钒含量控制在该范围内，在炉料中的 SiO_2 等有害杂质将不能得到稀释，从而会恶化炉况。因此，为保证炉况顺行，需要适当降低炉料的全钒含量。

　　（6）降低钒的回收率。钒渣中钒含量降低后，增加了焙烧熟料的成渣率，产生的弃渣量增加，造成了更多钒的流失。

4.1.3.3 焙烧工序主要设备

目前焙烧的设备多采用回转窑和多膛焙烧炉。

A 回转窑

回转窑是稍倾斜的圆筒形炉（如图4-4所示）由筒体、滚圈、托轮、挡圈、传动装置、热交换装置、窑头和燃烧室、窑尾、窑尾密封装置、砌体等部分组成，如图4-5所示。

图4-4 回转窑外观图

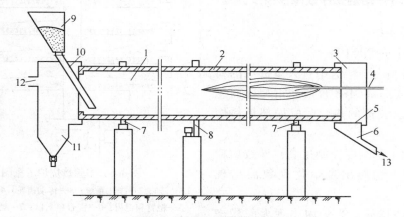

图4-5 回转窑结构示意图

1—窑身；2—耐火材料；3—窑头；4—燃烧嘴；5—条栅；6—排料口；7—托轮；8—传动齿轮；
9—料仓；10—下料管；11—灰箱；12—进尾气净化系统；13—进湿球磨

回转窑生产过程是由气体流动、燃料燃烧、热量传递和物料运动等过程所组成的。物料从窑尾（筒体的高端）进入回转窑内煅烧，在出料端设有烧嘴进行加热。由于筒体的倾斜和缓慢的回转作用，物料既沿圆周方向翻滚又沿轴向（从高端向低端）移动，炉料一边从旋转的炉壁上落下一边被搅拌焙烧。完成其工艺过程后，生成熟料经窑头罩进入冷却机冷却。燃烧产生的废气与物料进行交换后，由窑尾导出。

回转窑结构简单，搅拌良好，热分布均匀，生产能力大，机械化程度高，维护及操作简单，但也有着温度难控制、对物料配比要求高、易结成球状料等缺点。

B 多膛焙烧炉

多膛焙烧炉是被间隔成多层（8~12层）的竖式圆筒形炉。如图4-6所示，在多膛炉中心部位装有旋转的中心轴，由此向各层伸出了带刮刀的搅拌耙臂随轴转动。含钒原料从顶层进入，通过搅拌由周边向中心集中，又从中心向周边分散地按箭头所指方向逐层下移，经干燥、焙烧后焙烧熟料从底层排出。焙烧所需热量由燃料燃烧后的热风提供，炉气在炉内向着与炉料相反的方向流动，从炉顶烟道排出。

焙烧时炉料从上往下运行，与热风进行充分的逆流换热，热风从下往上运行。多膛焙

烧炉的运行温度通常不得超过 800℃，因而
对焙烧的钒原料具有很大的选择性，用于
钒渣的焙烧效果较好。但对质量较差的钒
渣，如二氧化硅、氧化钙、氧化镁等杂质
含量比较高的钒渣，其焙烧效果将会有很
大的影响。

　　多膛焙烧炉外形结构简单，占地面积
小，散热量少，热效率高，物料加热均匀，
搅拌充分，但其温度难以控制，对物料配
比及下料量要求严格，生产能力小。

【技能训练4.4】焙烧工序故障诊断及处理

　　A　炉料烧结

　　（1）产生问题原因：

　　1）通常是由于精渣中有大量极细的粉
状铁粒聚集或局部 MFe 含量严重超标而急
剧氧化释放出大量的热，造成局部炉料熔
化黏结所致。

　　2）炉内上部温度控制过高，导致炉料
中部分低熔点物质出现熔化现象而出现
黏结。

　　（2）解决措施：当炉内出现大面积烧

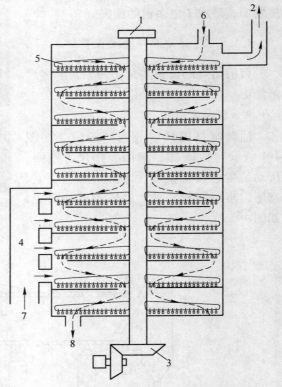

图 4-6　多膛焙烧炉示意图
1—转轴；2—净化系统；3—传动齿轮；4—燃烧室；
5—耙臂和耙齿；6—混合料入口；7—燃气入口；
8—熟料出口

结时，应立即停止下料，待炉内烧结料清
除干净后再考虑恢复下料。已有的超标精渣不能直接进入焙烧炉，须经稀释合格后才可进
入焙烧炉焙烧；若是温度原因应降低炉内温度。

　　B　炉料黏结

　　（1）产生问题原因：出现大面积黏结通常因苏打比过高、TV 过高、MFe 过高、炉内
上部温度过高等所致。

　　（2）解决措施：当炉内出现大面积黏结时，应立即停止下料进行处理。若苏打比过高
应适当降低苏打配比；若 TV 过高应适当加大返渣下料量；若 MFe 过高则应及时进行球磨
处理；若是因炉内上部温度过高所致，应适当提高炉内负压并进行降温。

4.1.4　浸出工序

4.1.4.1　浸出的原理

　　钒渣经焙烧后称为熟料。熟料的浸出过程是将熟料中的可溶性钒酸钠溶解到水溶液中
的过程，不溶的残渣洗涤后外销。钠化焙烧熟料的浸出通常采用水浸。此外，对不溶解于
水的钒酸盐（钒酸铁、钒酸锰、钒酸钙等），可以采用酸液或碱液浸出的方法。

　　浸出过程中随着溶液 pH 值的不同，钒在溶液中存在一系列的平衡反应。钒在溶液中

的聚合形式非常复杂，主要取决于溶液的 pH 值。表 4-1 列出了钒在不同 pH 值的水溶液中的主要平衡关系。

表 4-1 钒在不同 pH 值的水溶液中的平衡关系

pH 值	平衡关系式
13 ~ 10	$2VO_4^{3-}$（无色）$+2H^+ = V_2O_7^{4-}$（无色）$+H_2O$
10 ~ 7	$2V_2O_7^{4-}$（无色）$+4H^+ = V_4O_{12}^{4-}$（无色）$+2H_2O$
7 ~ 6	$5V_4O_{12}^{4-}$（无色）$+8H^+ = 2V_{10}O_{28}^{6-}$（橙色）$+4H_2O$
5 ~ 4	$V_{10}O_{28}^{6-}$（橙色）$+H^+ = HV_{10}O_{28}^{5-}$（橙色）
4 ~ 3	$H_2V_{10}O_{28}^{4-}$（深橙色）$+4H^+ +2H_2O = 5V_2O_5 \cdot H_2O$（暗褐色或砖红色固体）
2.5	$HV_{10}O_{28}^{5-}$（橙色）$+H^+ = H_2V_{10}O_{28}^{4-}$（深橙色）
1.5	$V_2O_5 \cdot H_2O$（暗褐色或砖红色固体）$+2H^+ = 2VO_2^+$（浅黄色）$+2H_2O$

基于以上原理，根据不同的浸出剂，工业上可用水浸、酸浸、碱浸等方式进行浸出。浸出的目的主要有以下三个：

（1）将可溶性的钒酸盐溶解于浸出剂（水或酸等），得到含钒溶液；

（2）实现固液分离，将固体残渣与含钒溶液分离开；

（3）对含钒溶液进行净化与除杂处理，既可以保证后面过程的正常进行，也可以保证产品质量。

传统的钠化焙烧法采用的是典型的水浸工艺，经过钠化焙烧后的含钒熟料水浸过程是在固液二相间进行的。当熟料与水接触后，固相中的水溶性钒化合物由于其本身分子的扩散运动和水的溶剂化作用，便逐步从内向外扩散进入水溶液。

4.1.4.2 浸出的方法

熟料的水浸有连续式和间歇式两种方式。

A 连续式浸出

连续式浸出工艺是焙烧后熟料直接进入湿球磨机内，在激冷的同时，一边研磨、一边浸取，从而得到含钒料浆，然后将料浆输送到沉降槽（或称浓缩机），在搅拌机的搅拌下，加热到 80℃ 以上使钒充分溶解进入溶液。沉降槽的上层液溢流到清液池内，通过澄清静置沉降得到的含钒合格液送去沉淀钒酸铵。而沉降后的底流从浓密机底部排放到过滤机过滤、洗涤，最后得到的滤渣输送到渣场弃掉或他用。为了得到澄清透明、杂质含量合格的合格钒液，需要对钒液进行净化处理。通常采用净化剂氯化钙溶液进行净化处理，其特点是料浆中悬浮物含量高，胶状物集中析出，对滤布微孔堵塞的速度快，过滤很困难，结果是残渣的水溶性钒含量高，钒损失较大；优点是熟料的余热利用较好，浸处在很高的温度下进行，动力学条件好。

B 间歇式浸出

间歇式浸出工艺是将焙烧熟料先经冷却器冷却后，排放到可倾翻的浸滤器（或称渗透浸出槽）内，用于渗透性好的并能以粗粒直接进行浸出的料层。渗透浸出槽具有一个多孔的底，在底部安放有滤布，熟料入槽内，热水或稀液从槽的上面注入或淋洗，浸出液借助重力自上而下流出来，或者由真空泵抽滤，当浸出液自上而下的流出时，钒被浸出进入溶液。间歇式浸出方式要反复进行，先用稀液浸取 3～4 次，再用热水洗涤浸洗 3～4 次，浸取的滤液净化后送去沉淀钒酸铵，洗液单独存放，待下次浸出熟料用。洗涤后的滤渣从浸滤器翻倒在皮带输送机上，送到残渣场。该工艺由于钒液中的悬浮物较少，因而需要的净化剂用量相对较少。

间歇式浸出工艺在浸出时保留了熟料颗粒原有粒度的完整性，悬浮物含量少，胶状物的析出速度慢，并且是就地析出，不会集中，析出的胶状物就近被熟料颗粒吸附，不容易堵塞滤布微孔，浸出效果好，残渣水溶钒含量能够降到较低的水平。缺点是熟料余热利用不充分，浸出的动力学条件相对较差，浸出的次数要求较多，浸出时间长，效率较低。

总的说来，连续式浸出工艺适于制成微细粉末或通过焙烧等转变成易溶性焙烧熟料的浸出。低硅钒渣焙烧的熟料采用连续式浸出工艺较好，高硅钒渣焙烧的熟料则宜采用间歇式浸出工艺。无论钒渣的质量好坏，采用间歇式浸出工艺均能得到较高的钒浸出率。但无论采用何种浸出工艺，良好的焙烧操作是浸出的基本保证。

4.1.4.3　浸出工序的影响因素

钒渣熟料中钒酸钠的溶解过程是简单溶解。可溶钒的溶解速度和扩散速度是影响浸出率的关键。

A　熟料粒度

原则上粒度越细，液固间的接触面积越大，溶解速度和扩散速度越大，有利于提高浸出率。但过细的物料使浸出液悬浮物和杂质增多，为后续溶液的澄清和过滤带来困难，并且残渣含水分高，造成钒损失。

工业上熟料粒度控制在 0.15mm 左右。为控制熟料粒度，连续浸出工艺中采用湿球磨，间歇工艺中采用振动筛。

B　熟料可溶钒含量

理论上熟料可溶钒含量越低，浸出浓度越稀，越有利于提高溶解速度和扩散速度。但其含量过低，会降低钒的回收率。

C　浸出液固比

通常液固比越大，即水量越大，浸出率越高。但水量过大会使浸出液含钒浓度降低，不利于沉钒。可通过增加洗涤次数提高浸出率，洗液作为对新熟料浸出的溶剂。通过多次返回浸出，对钒渣熟料的浸出液固比最终控制在 (3～5):1。

D　浸出温度

温度升高，水的黏度降低，分子的扩散速度加快，同时偏钒酸钠的溶解度也随温度的升高而增加，有利于提高钒的溶解速度。

温度高，除了有利于扩散和提高溶解度，还有利于破坏硅酸阴离子团胶，使溶液易澄清。为了提高钒的浸出率和加快浸出速度，钒的浸出过程必须在较高的温度下进行。一般浸出温度为 80～90℃。

E　浸出时间

浸出时间越长，越有利于提高浸出率。工业上要求 20min 以上。

F　搅拌条件

适当搅拌有利于提高扩散速度，改善动力学条件，提高浸出率。

G　浸出方式

根据前面的分析，因钒渣熟料含钒浓度高，采用间歇式浸出比连续浸出效果好。

H　浸出液的 pH 值

浸出液的 pH 值对钒的浸出有很大的影响。因为钒酸钠在碱性溶液中有较大的溶解度与稳定性，故浸出过程中随溶液 pH 值的增加，钒的溶解度和溶解速度也增加。因此，较高的 pH 值既可防止溶液中偏钒酸钠的水解沉淀，也可减少浸出过程中生成不溶性的钒酸盐，从而提高钒的浸出率。

但当浸出液的 pH 值过高时，阴离子杂质会大量进入溶液，尤其对含硅高的熟料，因在熟料颗粒表面生成硅酸钠胶体，阻碍可溶钒向外扩散，降低了浸出率；阳离子杂质在浸出过程中大量水解析出，也可能呈胶体状态，使浸出残渣不易沉降，浸出液不易澄清。同时胶状沉淀物会吸附溶液中的钒进入残渣，不仅引起钒的损失，也给沉淀钒的作业带来影响。

工业上，浸出液的 pH 值通常控制在 8～9，对高硅钒渣通常控制在 7～8。为提高浸出率，水浸后的残渣还可再用碱浸或酸浸处理。

I　熟料特性

浸出过程中溶液沿焙烧料孔隙溶解可溶的钒盐，并使溶解通道不断扩大。因此疏松多孔的焙烧熟料有利于钒的溶解。所以在焙烧过程中要严格控制焙烧温度，不断进行搅拌，以便得到疏松多孔的焙烧料。

【知识拓展 4.1】　钠盐加入量对浸出液 pH 值的影响

通常钠盐加入量越多，浸出的 pH 值就越高。对含大量的二氧化钛、氧化铁等杂质的钒渣，它们在焙烧过程中生成相应的钠盐如钛酸钠、铁酸钠等，这类钠盐在浸出过程中要发生水解，使得浸出液的 pH 值增高。

这就使得焙烧工序就存在两难的选择：减少钠盐加入量可以改善浸出状况，但会显著降低焙烧钒的转化率；增加钠盐加入量可以提高焙烧钒的转化率，但会恶化浸出状况。生产中要根据钒渣的具体情况，通过实验找出最佳的钠盐加入量。

4.1.4.4　浸出液的净化

钒渣的焙烧过程不仅生成钒酸盐，同时也有部分杂质生成可溶于水的盐，如 $FeCl_2$，$FeCl_3$，$CrCl_3$，$MnCl_2$，$NaAlO_2$，Na_2SiO_3，Na_3PO_4，Na_2CrO_4 等，它们在水浸过程中也进入溶液，势必影响沉钒和产品的质量。为提高氧化钒的纯度，降低某些杂质的污染，必须对含钒浸出液进行净化处理。净化的目的是为了排除某些杂质的污染并获得纯度较高的 V_2O_5。

A　阳离子杂质的去除

除碱金属和个别碱土金属外，大多数金属的氢氧化物都是难溶化合物。利用这样的特性，将被处理溶液调节到不同的 pH 值，使溶液中金属离子变为氢氧化物沉淀，从而除去其中金属阳离子杂质，这种方法被称为氢氧化物沉淀法。其反应通式为：

$$Me^{n+} + nOH^- \Longrightarrow Me(OH)_n \downarrow$$

可通过上式的吉布斯自由能值求出反应的溶度积，从而求出生成 $Me(OH)_n$ 的平衡 pH 值（即开始出现氢氧化物沉淀的 pH 值）。表 4-2 所列数值为 298K 及 $a_{Me^{n+}} = 1$ 时各金属开始出现氢氧化物沉淀的 pH 值。

表 4-2　298K 及 $a_{Me^{n+}} = 1$ 时各金属开始出现氢氧化物沉淀的 pH 值

氢氧化物生成反应	溶度积	溶解度/$mol \cdot L^{-1}$	生成 $Me(OH)_n$ 的 pH 值
$Ti^{3+} + 3OH^- \Longrightarrow Ti(OH)_3$	1.5×10^{-44}	4.8×10^{-12}	-0.5
$Sn^{4+} + 4OH^- \Longrightarrow Sn(OH)_4$	1.0×10^{-56}	2.1×10^{-12}	0.1
$Co^{3+} + 3OH^- \Longrightarrow Co(OH)_3$	3.0×10^{-41}	5.7×10^{-11}	1.0
$Sb^{3+} + 3OH^- \Longrightarrow Sb(OH)_3$	4.2×10^{-42}	1.1×10^{-11}	1.2
$Sn^{2+} + 2OH^- \Longrightarrow Sn(OH)_2$	5.0×10^{-26}	2.3×10^{-9}	1.4
$Fe^{3+} + 3OH^- \Longrightarrow Fe(OH)_3$	4.0×10^{-38}	2.0×10^{-10}	1.6
$Al^{3+} + 3OH^- \Longrightarrow Al(OH)_3$	1.9×10^{-33}	2.9×10^{-9}	3.1

通过比较表 4-2 中的数据可发现各种金属离子形成氢氧化物的顺序为：

（1）氢氧化物从含有几种阳离子价相同的多元盐溶液中沉淀时，首先开始析出的是 pH 值最低，即溶解度最小的氢氧化物。

（2）在金属相同但其离子价不同的体系中，高价阳离子总是比低价阳离子在 pH 值更小的溶液中形成氢氧化物。这是因为高价氢氧化物比低价氢氧化物的溶解度更小。

（3）温度对沉淀的 pH 值也有影响。当温度高时，形成氢氧化物沉淀的 pH 值下降，即金属离子可在较高酸度下沉淀。

B　阴离子杂质的去除

a　PO_4^{3-} 和 AsO_4^{3-}

当含钒溶液中存在磷时，磷与钒形成一种复杂而稳定的络合物 $H_7[P(V_2O_5)_6]$。这种络合物不仅会影响沉淀过程，而且磷还会同溶液中的 Fe^{3+}，Al^{3+} 离子生成 $FePO_4$，$AlPO_4$ 沉淀而进入钒酸铵沉淀，影响钒酸铵沉淀的质量。因此，一般要求含钒溶液中含磷量低于 $0.015g/L$。

溶液中磷酸根和砷酸根阴离子，可加金属盐沉淀剂使其生成沉淀而除去。我国工业上常采用氯化钙做净化剂，使磷生成磷酸钙沉淀（控制溶液 pH = 8 ~ 9），同时可破坏胶体，使悬浮物凝聚沉降，加快澄清速度，是比较简单而有效的净化剂。

（1）pH = 8 ~ 9 时，$2Na_3PO_4 + 3CaCl_2 \Longrightarrow Ca_3(PO_4)_2 \downarrow + 6NaCl$。

（2）pH < 8 时，生成 $CaHPO_4$ 或 $CaH_2(PO_4)_2$，它们在水中的溶解度较大，影响除磷的效果。

（3）pH > 9 时，$CaCl_2$ 水解生成 $Ca(OH)_2$，与钒酸根结合生成大量的不溶于水的钒酸钙，既影响了除磷效果，增大了氯化钙的消耗量，也造成了钒的损失，降低了钒的回收率。

实践表明，当用氯化钙除磷时，氯化钙的加入状态与浓度对除磷效果以及钒的流失影响极大。通常氯化钙以水溶液的形式加入，可以得到最佳的除磷效果并减少钒的流失。如果以固体的方式加入，则固体的净化剂就会在被净化的溶液中沉积而起不到效果。

以 $CaCl_2$ 去除杂质砷的原理同上。

此外，还可采用磷酸铵镁沉淀法除去溶液中的杂质磷，砷也可用此法除去。使磷、砷以磷酸镁和砷酸镁形态从溶液中沉淀，但是最完美的浸化磷和砷的方法是使磷和砷以磷酸铵镁和砷酸铵镁形态从溶液中沉淀。通常在常温下控制 pH 值为 9 ~ 11。

$$2Na_2HPO_4 + MgCl_2 + NH_4OH =\!=\!= Mg(NH_4)PO_4 \downarrow + 2NaCl + H_2O$$
$$2Na_2HAsO_4 + MgCl_2 + NH_4OH =\!=\!= Mg(NH_4)AsO_4 \downarrow + 2NaCl + H_2O$$

为防止沉淀的水解，必须使溶液中含有过量的氨。此外，为防止产生氢氧化镁沉淀，必须有氯化铵存在。

在含钒溶液中加入 $MgCl_2 \cdot NH_4Cl$ 并用 NH_4OH 调节溶液的 pH 值至 9 ~ 11，这时 Mg^{2+}、MH_4^+ 和 PO_4^{3-} 便生成难溶的磷酸铵镁沉淀（$MgNH_4PO_4$），达到除磷的目的。用镁试剂除磷的优点是：磷酸铵镁沉淀（$MgNH_4PO_4$）溶解度小，除磷效率高，易沉降分离，钒酸镁 $Mg(VO_3)_2$ 溶解度大，钒的损失少。但氯化镁加入量也不能过多，否则也会造成钒的损失。

b　SiO_4^{4-}

硅在碱性溶液中以正硅酸根离子存在，具有胶体性质，可加入无机盐电解质凝聚剂将之沉淀除去。常用的凝聚剂有硫酸铝、明矾、氯化镁、氯化钙等。将 pH 值控制在 9 ~ 10 可达到较好的除硅效果。

c　CrO_4^{2-} 和 SiO_3^{2-}

阴离子 CrO_4^{2-} 和 SiO_3^{2-} 可在溶液中加入 $MgCl_2$ 使之生成 $MgSiO_3$，$MgCrO_4$ 沉淀而除去。pH 值应控制在 9 ~ 10。

$$Mg^{2+} + SiO_3^{2-} =\!=\!= MgSiO_3 \downarrow$$
$$Mg^{2+} + CrO_4^{2-} =\!=\!= MgCrO_4 \downarrow$$

为了加速沉淀物的聚集和沉降，净化操作要求在加热条件下进行，温度应高于 90℃，必要时添加助凝剂。

净化操作时要注意以下两个方面：

（1）必须在合适的 pH 值条件下进行，否则净化的效果不佳，表现为净化剂的消耗量大，除杂效果不佳，钒以钒酸钙的形式进入净化底流渣中而流失，损失较大；

（2）保证净化剂能够均匀快速地溶解于被净化的溶液中，最佳的方法是预先将净化剂溶解，然后以水溶液的形式加入。

4.1.4.5　浸出工序的技术经济指标

浸出工序的主要经济技术指标为浸出率，指进入浸出液中的钒量占熟料中可溶钒量的百分数。

浸出工序的成渣率，是指产出的残渣占投入熟料的百分数。成渣率越高表示其带走的钒量就越多，钒的收率就越低。成渣率与钒渣的质量有关。钒渣质量越好，成渣率越低。实际生产中由于在钒渣中添加了纯碱、返渣等物质，这样得到的成渣率即为综合成渣率。

事实上，前一工序焙烧过程本身没有钒损失，只是浸出后钒以残渣的形式流失。因此，焙烧效果的好坏实际上是通过浸出来体现的。

下面讨论钒的转浸滤、钒浸出率的计算。

钒的转浸率是指钒从熟料中转入浸出液中的百分率。残渣中含钒越高，则转浸率就越低。其计算方法为：

投入钒量计算：
$$m_{渣} = m w_{V_2O_5} (1 - w_{铁}) \times 56.044\% \tag{4-4}$$

残渣中的余钒量计算：
$$m_{余} = R m w_{余V} \tag{4-5}$$

转浸率计算：
$$P_{转} = \frac{1 - m_{余}}{m_{渣}} \times 100\% \tag{4-6}$$

式中　　m——精钒渣粉质量，kg；

　　　　$m_{渣}$——精钒渣粉的金属钒量，kg；

　　$w_{V_2O_5}$——精钒渣粉的五氧化二钒品位，%；

　　　$w_{铁}$——精钒渣粉的金属铁含量，%；

　　　$m_{余}$——残渣中残留的金属钒量，kg；

　　　　R——精钒渣成渣率，%；

　　$w_{余V}$——残渣中的金属钒含量，%；

　　　$P_{转}$——精钒渣中钒的转浸率，%。

钒浸出率是指熟料中水溶钒转入浸出液中的百分率。残渣中水溶钒越高，则钒的浸出率就越低。其计算公式为：
$$P_{浸} = \frac{1 - R S_{残}}{S} \times 100\% \tag{4-7}$$

式中　　$P_{浸}$——精钒渣中钒的浸出率，%；

　　　$S_{残}$——残渣中的水溶钒含量，%；

　　　　S——熟料中水溶钒含量，%。

【例 4-4】　焙烧熟料中水溶钒含量 5.2%，残渣中水溶钒含量 0.25%，试计算钒的浸出率。

解：由已知条件知 $S_{残}$ 0.25%，$S = 5.20\%$，$R = 90\%$。

则　钒浸出率 $P_{浸} = \dfrac{1 - R S_{残}}{S} \times 100\% = \dfrac{1 - 90\% \times 0.25\%}{5.20\%} \times 100\% = 19.1875$

4.1.4.6　浸出工序主要设备

A　熟料浸出设备

（1）湿式球磨机。湿式球磨机为边进入浸出液边将熟料磨碎浸出的设备。由给料部、出料部、回转部、传动部（减速机，小传动齿轮，电机，电控）等主要部分组成，如图 4-7 所示。

（2）中心转动式浓缩机。中心转动式浓缩机为连续式浸出设备，主要用于浓度低而量大的悬浮液。中心传动式浓缩机一般主要由略带锥形的浓缩池、耙架、传动装置、耙架提升装置、给料装置、卸料装置和信

图 4-7　湿式球磨机外观图

号安全装置等组成，如图 4-8 所示。

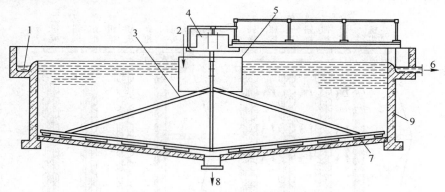

图 4-8　中心转动式浓缩机结构示意图
1—溢流槽；2—进液口；3—旋转耙；4—传动机构；5—中心布料筒；
6—溢流出口；7—刮泥板；8—泥浆出口；9—机体

（3）间歇式浸出槽。间歇式浸出槽为在常压和低于 373K 温度下实现浸出作业的液固反应器。间歇式浸出槽是用钢板制成的矩形槽，槽中装有滤板，熟料装在滤板上，上面淋入浸出液，下面与真空系统相连接，浸出和过滤同时完成。间歇式浸出槽具有结构简单、维护方便的优点，如图 4-9 所示。

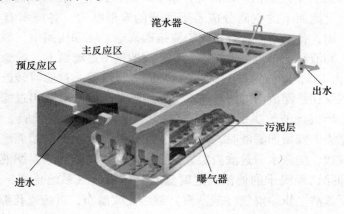

图 4-9　间歇式浸出槽结构示意图

B　过滤设备

（1）板框压滤机。板框压滤机主要由止推板（固定滤板）、压紧板（活动滤板）、滤板和滤框、横梁（扁铁架）、过滤介质（滤布）、压紧装置、集液槽等组成。板框压滤机由交替排列的滤板和滤框构成一组滤室。滤板的表面有沟槽，其凸出部位用以支撑滤布。滤框和滤板的边角上有通孔，组装后构成完整的通道，能通入悬浮液、洗涤水和引出滤液。板框两侧各有把手支托在横梁上，由压紧装置压紧板框。板框之间的滤布起密封垫片的作用。由供料泵将悬浮液压入滤室，在滤布上形成滤渣，直至充满滤室。滤液穿过滤布并沿滤板沟槽流至板框边角通道，集中排出。过滤完毕，可通入清洗涤水洗涤滤渣。洗涤后，有时还通入压缩空气，除去剩余的洗涤液。随后打开压滤机卸除滤渣，清洗滤布，重新压紧板框，开始下一工作循环，如图 4-10 所示。

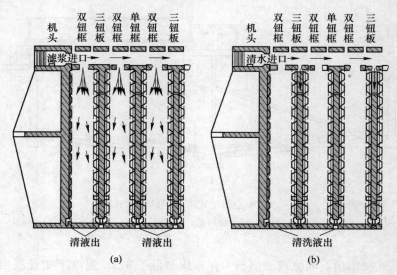

图 4-10　板框压滤机工作原理图

(a) 过滤操作；(b) 清洗操作

(2) 内滤式转鼓真空过滤机。该机有一水平转鼓，鼓壁开孔，鼓面上铺以支承板和滤布，构成过滤面。过滤面下的空间分成若干隔开的扇形滤室。各滤室有导管与分配阀相通。转鼓每旋转一周，各滤室通过分配阀轮流接通真空系统和压缩空气系统，顺序完成过滤、洗渣、吸干、卸渣和滤布再生等操作。在转鼓的整个过滤面上，过滤区约占圆周的 1/3，洗渣和吸干区占 1/2，卸渣区占 1/6，各区之间有过渡段。过滤时转鼓下部沉浸在悬浮液中缓慢旋转。沉没在悬浮液内的滤室与真空系统连通，滤液被吸出过滤机，固体颗粒则被吸附在过滤面上形成滤渣。滤室随转鼓旋转离开悬浮液后，继续吸去滤渣中饱含的液体。当需要除去滤渣中残留的滤液时，可在滤室旋转到转鼓上部时喷洒洗涤水。这时滤室与另一真空系统接通，洗涤水透过滤渣层置换颗粒之间残存的滤液。滤液被吸入滤室，并单独排出，然后卸除已经吸干的滤渣。这时滤室与压缩空气系统连通，反吹滤布松动滤渣，再由刮刀刮下滤渣。压缩空气（或蒸汽）继续反吹滤布，可疏通孔隙，使之再生，如图 4-11 所示。

C　其他设备

其他设备有各种泥浆泵、皮带输送机等。

【技能训练 4.5】 浸出工序故障诊断及处理

A　浸出液 [P] 含量偏高

产生问题可能的原因及解决措施：

(1) $CaCl_2$ 添加量不够或品位低，应适当增加 $CaCl_2$ 添加量。

(2) 浸出液 pH 值偏高；应适当调整液固比并适当增加 $CaCl_2$ 添加量。

(3) 浸出液温度偏低；应提高浸出液温度并适当增加 $CaCl_2$ 添加量。

(4) $CaCl_2$ 加入连续性、稳定性差；在 $CaCl_2$ 加入过程中均应保证加入的连续、稳定和

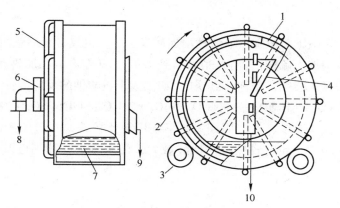

图 4-11　内滤式转鼓真空过滤机结构示意图

1—滤布；2—转鼓；3—拖轮；4—滤饼排出溜槽；5—与各滤室相通的滤液排出管；
6—分配头；7—料浆；8—滤液；9，10—滤饼

均匀性。

B　浸出液不清

a　问题产生原因

浸出液不清是由于浸出液中的悬浮物多所致。由于悬浮物是分散度较大、不易沉降且压缩性很小的极细颗粒，它的沉降速度很慢，因此在浸出生产中很难与残渣一起被过滤出去，而往返浓集于浸出液中，并越集越多，严重时导致浸出液澄不清而被迫停产，严重威胁浸出的正常生产。

从生产过程的现象来看，焙烧物料的粒度、附加剂的种类及配加量、焙烧温度、转化率、浸出液的 pH 值及温度都是影响浸出液中悬浮物产生的重要原因。

b　防止产生大量悬浮物致使浸出液不清的措施

（1）防止焙烧物料过细；

（2）焙烧温度应适中；

（3）对 SiO_2 含量高的物料应适当增加 NaCl 的配加量；

（4）尽量提高浸出温度。

尽管如此，也只是起到减缓悬浮物产生和富集的作用，还不能比较彻底地解决悬浮物的问题，一旦产生大量悬浮物就必须及时处理。

c　处理大量悬浮物的措施

浸出液中产生大量悬浮物后，可通过提高浸出液的温度并加入 $CaCl_2$ 以破坏悬浮物粒子团的双电子层，使之聚集沉降。处理完毕沉降下来的沉淀物要尽快单独过滤处理，不可让其再返回浸出液中，否则容易造成二次悬浮物的生成，这样第二次处理就更困难了。

4.1.5　沉钒工序

4.1.5.1　沉钒的方法

沉钒工序的目的是将合格含钒溶液中的钒以固态形式沉淀出来，得到钒酸盐沉淀。沉淀的方法比较多，通常有水解沉钒法、多钒酸铵沉钒法、偏钒酸铵沉钒法、钒酸钙沉钒法、钒酸铁沉钒法等。目前最为常用的方法是多钒酸铵沉钒法。

A　水解沉钒法

水解沉钒法是钒酸钠溶液随溶液酸性增加逐步水解，生成多钒酸钠沉淀的过程。向净化后的钒酸钠溶液中加入硫酸，将 pH 值调节到 1.7～1.9 左右，在加热煮沸并搅拌的条件下沉淀出红棕色的多钒酸钠，俗称"红饼"。如生成十钒酸钠的反应为：

$$10NaVO_3 + 4H_2SO_4 \longrightarrow Na_2O \cdot V_2O_5 \cdot 2H_2O\downarrow + 4Na_2SO_4 + 2H_2O$$

水解沉钒因其操作简单、生产周期短，早期用得比较普遍，但所产红饼熔片中 V_2O_5 的含量仅为 80%～90%，纯度较低，且耗酸量大，污水量大，故现已基本为铵盐沉钒所取代。

B　偏钒酸铵沉钒法

为制取高品位的 V_2O_5，需采用铵盐沉淀法。2.3.1 节曾讨论过，在不同钒浓度和 pH 值的溶液中，钒存在的形式有复杂的变化，如图 2-6 所示。因此，将钒酸钠溶液用酸调节到不同酸度，加入铵盐可得到不同聚合状态的钒酸铵沉淀。

在经过净化的钒酸钠溶液中加入过量的铵盐（氯化铵或硫酸铵），可结晶出白色偏钒酸铵沉淀（NH_4VO_3），即 AMV，沉淀 pH 值在 8 左右，微碱性。因偏钒酸铵的溶解度随温度的升高而增大，则高温不利于偏钒酸铵晶体的析出，通常结晶温度控制在 20～30℃。适当搅拌和加入晶种可提高偏钒酸铵的结晶速度。静置待结晶完全后过滤，用 1% 的铵盐水溶液洗涤，经 35～40℃ 的干燥即得工业用偏钒酸铵产品。

这种方法要求浸出液含钒浓度高（30～50g/L），铵盐消耗量大，结晶速度慢，沉淀周期长，其废液中含钒 1～2.5g/L。

C　多钒酸铵沉钒法

目前工业上普遍采用的多钒酸铵沉钒法用的是酸性铵盐沉钒法，是将净化后的碱性溶液（钒的浓度为 15～25g/L）在搅拌下加入硫酸中和，当钒酸钠溶液 pH 值在 5 左右时，加入铵盐，再用硫酸调节 pH 值到 2～2.5，在加热、搅拌条件下可结晶出橘黄色多钒酸铵沉淀，俗称"黄饼"，即 APV。其主要沉淀反应为：

$$6NaVO_3 + 2H_2SO_4 + (NH_4)_2SO_4 =\!=\!= (NH_4)_2V_6O_{16}\downarrow + 3Na_2SO_4 + 2H_2O$$

酸性铵盐沉钒法操作简单，沉钒结晶速度快（20～40min），铵盐消耗量少，产品纯度高，沉淀后母液中钒的浓度为 0.15g/L。其工艺流程如图 4-12 所示。

D　钒酸钙和钒酸铁沉钒法

钒酸钙和钒酸铁沉钒法是从低浓度钒液中富集钒的方法。对含钒浓度较低的溶液，pH 值在 5～11 的条件下，加入石灰乳或氯化钙溶液后，加热、搅拌得到白色钒酸钙沉淀。也可在酸性条件下加入硫酸亚铁、硫酸铁或三氯化铁沉淀剂，加热、搅拌得到黄色到黑绿色钒酸铁沉淀。钒酸钙沉淀和钒酸铁沉淀都可进一步加工成为五氧化二钒。

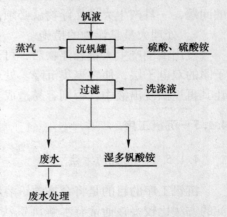

图 4-12　酸性铵盐沉钒工艺流程图

4.1.5.2　沉淀产物的洗涤

由于沉淀产物中夹带有大量的硫酸钠，影响产品的质量，必须对其进行洗涤，否则产品的硫及钾钠含量超标。工业上可用 1% 硫酸铵溶液、含有易挥发的电解质的稀溶液、蒸馏水或无离子水等作为洗涤剂对沉淀进行洗涤。五氧化二钒生产中通常采用清水或者 1% 的硫酸铵溶液作为洗涤剂。洗涤过程中需要控制好温度、pH 值、洗水量等因素。经过洗涤后，可大幅度降低钒酸铵沉淀中硫及钾钠的含量。

4.1.5.3　影响沉淀的条件及控制

A　钒液浓度

通常钒液浓度高有利于钒酸铵沉淀晶粒的长大，加快沉钒速度。但钒液浓度过高会使沉钒物夹杂的杂质增多。通常普通钒酸铵沉淀工艺要求钒液浓度在 20g/L 左右，国外采用钒酸铵沉淀工艺要求钒液浓度在 30g/L 以上。

B　沉淀的 pH 值

沉钒过程溶液 pH 值的高低是影响沉钒速度的主要因素之一，降低酸度有利于加快沉钒速度，但 pH 值过低会引起水解反应，影响产品的质量。通常工业上要求控制 pH 值为 2~2.5 左右。工业调节 pH 值多用硫酸。

沉钒过程中，钒溶液 pH 值的控制并不是一步到位的，第一步是将 pH 值调整到 5 左右，然后加入计量好的铵盐，搅拌均匀后再将 pH 值调整到 2.0~2.5，目的是提高铵盐的利用率，保证沉钒效果。如果将钒溶液的 pH 值一步调整到位，会出现两个问题，一是钒溶液会发生水解，影响最终的产品质量；二是后面的铵盐加入后，由于硫酸铵水解后呈酸性而使得溶液的 pH 值要进一步降低，而使之低于设定值，控制精度降低。如果沉钒是一次加入全部的铵盐，则硫酸铵水解后铵离子就会转变为氨气逸出，既降低了铵离子的利用率，也恶化了生产环境。

C　铵盐

由于铵离子与钒酸根的结合能力远远大于钠离子，故沉淀中常用它来置换钠离子得到多钒酸铵，同时也便于后序处理中氨的脱除。铵盐加入的多少取决于溶液含钒的浓度、杂质含量的高低等因素。铵盐加入量多，有利于置换反应完全，但生产成本增加。杂质含量越高，铵盐的加入量也就越多。工业上使用的有硫酸铵、氯化铵、硝酸铵等铵盐，要根据当地资源和价格确定，多数使用硫酸铵。

D　搅拌条件

沉钒时在加酸、加铵等过程中搅拌有利于加快沉钒速度和保证晶粒长大和产品的质量。工业生产中常采用压缩空气与机械搅拌相结合，加热过程中采用的蒸汽也有搅拌功能。

E　沉淀温度

为保证沉淀反应的速度，减少杂质含量，沉淀时要求溶液保持沸腾状态。一般采用蒸汽加热便可满足要求。

F　沉淀时间

在保证上述条件的前提下，在搅拌和加热状态下，沉钒时间一般需要 20min 以上。终点控制通过沉钒上清液的分析确定，当上清液含钒小于 0.1g/L 后即可判断达到了终点。实际操作中，也可以将上层液滴落到滤纸上，观察滤纸上钒的分布有无明显的界面来判断沉淀的完全程度，如果有明显清晰的界面则表示沉淀完全，如果没有清晰的界面则表示沉淀的程度较低。

G　溶液中杂质对沉钒的影响

a　磷的影响

磷对酸性铵盐沉钒影响极大，这是因为在磷、铵、钒之间生成了复杂的络合物（杂多酸），当达到一定量时，急剧影响沉淀率。当沉钒 pH 值控制在 2.5 左右，$[V_2O_5]/[P]$ 摩尔分子比小于 178 时，沉淀率将降低到 99% 以下，以后将急剧降低；当溶液中的 $[V_2O_5]/[P]$ 摩尔分子比达到 500 以上时，对沉钒没有影响。此外，磷对产品的质量有影响，将影响下一步冶炼高钒铁的质量。因此沉钒前需要除磷，工业生产时要用氯化钙除磷。

b　硅的影响

溶液中硅将影响沉淀率，当溶液中的 $[V_2O_5]/[SiO_2]$ 摩尔分子比小于 2.56 之后，沉淀率将低于 99%，并且沉钒时间开始延长，过滤困难。此外，随溶液中硅含量的增加，产品质量降低。

工业中，采用氯化钙净化除杂后的溶液中，$[V_2O_5]/[SiO_2]$ 摩尔分子比在 20 以上后，将对沉钒和产品质量没有影响。

c　锰的影响

实验表明，锰对沉淀率影响不大，对产品的质量稍有影响。在生产中，用水浸出时，溶液往往呈碱性，此时锰易水解，留在渣中，溶液中锰的含量很低，不会给沉钒带来影响。但是，在酸浸时，锰将是产品中的主要杂质。

d　铁的影响

低价铁（Fe^{2+}）在钒酸钠溶液中不会稳定存在，它将被五价钒（V^{5+}）氧化为高价铁（Fe^{3+}），而钒（V^{5+}）被低价铁还原为四价（V^{4+}），使溶液变黑（四价钒溶液的颜色），因此，铁对沉钒的影响是很大的。

溶液中的 $[V_2O_5]/[Fe]$ 摩尔分子比小于 19 时，沉淀率将低于 99%。而实际生产中，水浸时，铁在碱性条件下是很容易水解的，溶液中的 $[V_2O_5]/[Fe]$ 摩尔分子比大于 500，对沉钒影响很小。当酸浸时，铁是产品中的主要杂质之一。

e　铝的影响

当 $[V_2O_5]/[Al_2O_3]$ 摩尔分子比小于 500 时，铝对沉淀率明显降低。当降低沉钒 pH 值时，铝对沉钒率的影响程度有所缓解，沉淀率可大大提高。但由于在铝、铵、钒之间生成了杂多酸，阻碍了多钒酸铵的沉淀，对沉钒率依然有影响。

在实际生产中，一般溶液中的 $[V_2O_5]/[Al_2O_3]$ 摩尔分子比为 600 ~ 1000，对沉钒的影响不大。

f　钙的影响

实验表明，钙对沉钒的影响不明显。在实际生产中，钙以氯化钙溶液的形式加入到溶液中，用以净化除杂质和澄清溶液。生产中加入氯化钙量一般控制在 1 ~ 1.5g/L，对沉钒的影响是很小的。因此，当氯化钙加入过多时，尽管溶液很快澄清，但是将会生成不溶于水的钒酸钙，造成钒的损失。

g　镁的影响

由于镁的钒酸盐与钠盐类似，也是可溶性的，钠离子在沉钒时可以置换镁离子，因此镁对沉钒过程几乎没有影响。

h　钠的影响

当 $[V_2O_5]/[Na_2O]$ 摩尔分子比小于 0.4 时，就会引起沉淀率降低。而实际用钒渣制取 V_2O_5 的工业生产中，当苏打比为 1.0 ~ 1.3 时，相当于 $[V_2O_5]/[Na_2O]$ 摩尔分子比为 1.0 ~ 0.77，溶液中 $[V_2O_5]/[Na_2O]$ 摩尔分子比不小于 0.5，因此对沉钒不会造成影响。

i　铬的影响

在钒渣氧化钠化焙烧过程中，一部分铬要转化为铬酸钠进入溶液，铬对沉钒率有一定的影响。适当降低沉钒的 pH 值可以免受铬的影响。

4.1.5.4　沉钒率计算

沉钒率是指沉淀结束后以钒酸铵形态存在的钒占沉淀前以钒酸钠形态存在的钒的百分率，通常以沉钒率反应沉钒工序的成败。工业上沉钒率的计算公式为：

$$P = \frac{1 - w_水 V_水}{wV} \times 100\% \tag{4-8}$$

式中　P——沉钒率，%；

$w_水$——沉钒废水的含钒量，g/L（或 kg/m^3）；

$V_水$——沉钒废水的体积，m^3；

V——钒溶液的体积，m^3；

w——钒溶液的含钒量，kg/m^3。当沉钒采用蒸气直接加热时，由于水蒸气冷凝，废水的体积可能会增加；当采用间接加热时，废水的体积相对要少些。

【知识拓展 4.2】沉钒率与沉钒收率的区别

沉钒率是指钒由液态转变为固态的百分率，而沉钒收率则是指沉钒结束后真正收得的以钒酸铵形态存在的钒占投入的总钒量的百分率。

通常情况下，沉钒率要大于沉钒收率，这两者的差值就是生产中的损失。事实上，沉淀结束后，有一小部分钒酸铵是以较小的粒度以悬浮物的形态存在的，要实现回收十分困难，通常要进入废水中而流失，即使颗粒较大的部分钒酸铵在后步的打浆、过滤等操作中也有小部分流失，这就在客观上造成了收到的比沉出来的要少。

4.1.5.5　沉钒工序主要设备

沉钒工序主要设备如下：

（1）沉钒罐。沉钒罐是钢板制成的圆筒形沉淀设备，内衬有防酸内衬，罐中心有不锈钢搅拌器，罐壁设有蒸汽加热管，如图 4-13 所示。

（2）过滤机。过滤机包括板框过滤机（如图 4-10 所示）、内滤式转鼓真空过滤机（如图 4-11 所示）、圆盘式真空过滤机、带式真空过滤机、管式真空过滤机等。

（3）其他设备。其他设备包括耐酸泵、供酸罐、储液罐等。

图 4-13 沉钒罐外观图

【技能训练 4.6】 沉淀工序故障诊断及处理

A 产生黑料

（1）产生问题的原因：沉淀产生黑料通常是由于浸出合格液浓度过高且加酸速度过快、过多。

（2）解决措施：沉淀过程中一旦发现有黑料产生后，应立即调整沉钒工艺参数。在黑料产生不严重时，可加入少量钒酸铵沉淀进行处理；较严重时应立即停止沉淀作业，并用浸出合格液或纯碱进行返溶处理，再返回浸出工序进行净化处理。

B 产生黏料

（1）产生问题的原因：黏料是由于沉淀时生成的颗粒细且发黏，导致其水分较大，压缩性差，固液分离困难，产品品位低的一种沉淀产物。出现黏料的原因通常有溶液的含钒浓度过高，沉淀控制的酸度较低以及溶液的温度过高等。

（2）解决措施：控制浸出合格液含钒浓度；控制好加热温度；增强搅拌强度；控制好加酸速度及加酸量。

C 上层液钒浓度高的原因及处理

（1）产生问题的原因：沉钒上层液钒浓度高通常是由加铵量不足、沉钒终点 pH 值偏高、沉淀时间过短、沉淀温度低、浸出合格液浓度较高等原因造成的。

（2）解决措施：补加铵盐，将终点 pH 值控制在要求范围，延长沉淀时间并提高沉淀温度等。

D 加酸罐内出现红色絮状物

（1）产生问题的原因：红色絮状物是因为加酸过量，造成加酸罐内的 pH 值过低，钒在溶液中发生水解所致，搅拌强度不够也可造成局部产生絮状物。

（2）解决措施：出现红色絮状物后，应适当减少加酸量，调整 pH 值；严重时可用浸出合格液来溶解絮状氧化物，待调整正常后，再按照正常沉钒过程来进行加酸操作。

4.1.6 熔化工序

主要用于冶金行业的五氧化二钒产品以片状为主，只有少量用于化工上的五氧化二钒是粉状的。因此熔化是生产五氧化二钒的必备工序，通过该工序将多钒酸铵脱水、脱氨、熔化铸片得到片状五氧化二钒产品，最终实现钒渣中的钒到五氧化二钒的转化，完成钒的深加工过程。片状五氧化二钒制备的方法很多，通常有一步法、三步法等。

我国常用的"一步法"是将湿态的多钒酸铵在同一座熔化炉中完成脱水、脱氨、熔化铸片三个阶段。熔化炉采用反射炉，熔化过程中重点要控制好氧化气氛等因素，确保熔化过程顺利进行。这种方法的钒回收率一般在95%以上。

德国采用的"三步法"是首先在干燥器中脱水，然后在回转窑中脱铵，得到粉状 V_2O_5，最后在电炉内将粉状 V_2O_5 熔化，出炉后经水冷的旋转粒化台铸成一定厚度的薄片，即片状 V_2O_5。这种方法的钒回收率可达99%以上。下面详细介绍我国常用的"一步法"熔化工序。

4.1.6.1　多钒酸铵的干燥

由于湿态的多钒酸铵中含有大量的水分，既有游离水，也有结合水，为了方便后序处理，必须进行干燥与分解。

酸性铵盐沉钒的产物多钒酸铵中含有大量的硫酸钠，在过滤过程中要进行洗涤，洗涤用1%浓度的氨水或硫酸铵水溶液，洗涤后一般需要经过过滤或者压滤处理，以便得到含水量较低的产物，得到的"黄饼"含有20%~60%的水分，其水分的高低取决于过滤机的种类。通常水含量为40%~60%的多钒酸铵，主要为吸附水，直接用于五氧化二钒生产；水含量在20%左右的多钒酸铵，全部用于三氧化二钒生产。

如果多钒酸铵的水分含量较高，在后序处理过程中，随着温度的上升，水转化为蒸汽，在逸出的路径中会润湿沿途的物料而产生结块包裹，被包裹的物料就不能完全转化，同时还会出现物料在处理设备内壁上黏结等故障。

干燥的温度控制以产物不熔化为准，在设备允许的前提下，温度应尽可能高些。通常工业中要求干燥后多钒酸铵的含水量不大于1%。

4.1.6.2　多钒酸铵的分解

多钒酸铵分解的目的主要是脱氨，分解过程中产生氨气，可以进一步将五氧化二钒还原，不利于得到片状的五氧化二钒。而要得到片状的五氧化二钒，必须进一步提高熔化温度，这会增加钒的蒸发损失，降低熔化的回收率。因此，对五氧化二钒生产而言，多钒酸铵分解通常是在干燥的基础上，在氧化气氛下将温度控制在550℃左右，得到粉状的五氧化二钒。

4.1.6.3　片状五氧化二钒的制备

将粉状的五氧化二钒在反射炉中加热到800℃以上熔化（五氧化二钒的熔点为670℃），熔化后的五氧化二钒液体注入旋转的水冷钢轮中，再从钢轮上刮下凝固的片状五氧化二钒。我国通常采用的是干燥、脱氨、熔化制片在一个设备中完成，主要设备为熔化炉（反射炉）。以十钒酸铵为例，熔化过程中的主要反应为：

100℃左右脱水：$2(NH_4)_6V_{10}O_{28} \cdot nH_2O \longrightarrow (NH_4)_6V_{10}O_{28} + nH_2O$

500℃左右脱铵：$2(NH_4)_6V_{10}O_{28} \longrightarrow 5V_2O_5$（粉）$+ 12H_2O + 3N_2$

800℃左右熔化后出炉制片：V_2O_5（粉）$\longrightarrow V_2O_5$（熔）$\longrightarrow V_2O_5$（片）

采用三步法工艺，钒的损失很小，主要表现为钒的烟尘损失，因而钒的收率比较高，可达99%。采用一步法工艺，钒的损失较大，除了烟尘损失之外，更多的是钒的汽化损失。由于氨气的还原作用，要求熔化的温度控制在 1000℃左右，最高时达到了 1100℃，V_2O_5 的汽化反应在 800℃以上就表现得尤为明显。从这一过程可以看出，造成钒损失大的根本原因就是钒酸铵中的还原性的氨，由于它的存在增大了熔化控制的难度，客观上要求更高的熔化温度，加大了熔化的空气配入量，既加大了五氧化二钒的汽化挥发流失，也增大了含钒粉尘的流失。

4.1.6.4　熔化工序的主要设备

熔化工序的主要设备包括干燥设备和熔化炉（如图 4-14 所示）。

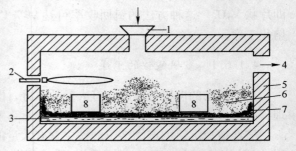

图 4-14　熔化炉结构示意图
1—进料口；2—喷枪；3—水冷炉底；4—烟气出口；
5—炉体；6—炉料；7—熔化层；8—炉门（出钒口）

【技能训练 4.7】熔化工序故障诊断及处理

A　干燥排烟管冒红钒

（1）产生问题的原因：布袋除尘器滤布损坏；引风抽力过大，干燥管内负压过大等。

（2）解决措施：检查布袋除尘器，更换滤布；关小排烟阀，降低干燥管内的负压。

B　干燥后多钒酸铵含水分高

（1）产生问题的原因：干燥气流温度过低；给料过多；物料过湿（含水分较高）等。

（2）解决措施：提高干燥气流温度；减小给料量；控制来料水分，要求沉淀压滤后钒酸铵沉淀的水分不高于 30%。

4.1.7　五氧化二钒的质量评价标准

五氧化二钒产品执行《五氧化二钒》（YB/T 5304—2011），从化学成分的角度来看，主要包括 V_2O_5，S，P，Si，Fe，$K_2O + Na_2O$ 等；从五氧化二钒的用途来看，大多用于冶炼钒铁，因而从钒铁生产的角度来看，对五氧化二钒产品的质量应重点控制 S，P 含量；而考虑到冶炼过程的顺行，适当控制 K_2O 和 Na_2O 的量是必要的。我国五氧化二钒的质量标准列于表 4-3。

表 4-3　我国五氧化二钒的质量标准（YB/T 5304—2011）

适用范围	牌号	化学成分（质量分数）/%								物理状态
		TV（以 V_2O_5 计）	Si	Fe	P	S	As	$Na_2O + K_2O$	V_2O_4	
		不小于	不大于							
冶金化工	$V_2O_5$99	99.0	0.20	0.20	0.03	0.01	0.01	1.0	—	片状
	$V_2O_5$98	98.0	0.25	0.30	0.05	0.03	0.02	1.5	—	片状
	$V_2O_5$97	97.0	0.25	0.30	0.05	0.01	0.02	1.0	2.5	粉状

4.1.8　废水处理

五氧化二钒生产过程中产生大量的酸性含钒废水，其中含有大量的六价铬（Cr^{6+}）、五价钒（V^{5+}）、氨氮（$NH^{4-}N$）、还原性物质（COD）、悬浮物（SS）以及大量的硫酸（pH），不能直接外排，此外还含有大量盐分，如硫酸钠（Na_2SO_4），需要进行处理。

　　尽管国内外研究了不少处理方法，如吹脱法、折点氯化法、催化湿式氧化法、离子交换法等，但目前还没有一种较好的、经济的处理办法，这已成为各钒厂非常重视的老大难问题。本节介绍一种还原-中和法处理废水的方法。这种方法是将废水中的高价钒与铬还原成低价的钒与铬，通过后序的中和沉淀予以除去。

4.1.8.1　废水中钒与铬的存在形式

　　废水中钒以 V^{5+} 的价态存在，铬以 Cr^{6+} 的价态存在。溶液中五价钒与氧结合形成稳定的钒酸根阴离子，它能以多种聚合状态存在，并形成组成各异的钒化合物。钒的聚集状态和存在形式与溶液酸度和钒在溶液中的浓度有关，如果钒浓度小于 0.0051g/L，在各种 pH 值条件下钒以 VO_4^{3-}，VO_3^- 和 VO^{2+} 形式存在。

　　铬在水溶液中也可以与氧形成稳定的铬酸根阴离子，其中六价铬的形式有 CrO_4^{2-}，$Cr_2O_7^{2-}$，$HCrO_4^-$ 等，这些离子随 pH 值的改变而相互转换。此外，Cr^{6+} 的浓度对离子存在形式也有影响。

4.1.8.2　废水处理中的还原过程

　　还原过程的目的是将高价的钒与铬还原为低价的、毒性小的钒与铬。通常采用的还原剂为亚焦硫酸钠（$Na_2S_2O_5$）。

　　现假设某废水的 pH 值为 3 左右，钒的含量小于 0.3g/L，Cr^{6+} 的浓度在 500mg/L 左右，则其中钒的存在形式以 $H_2V_{10}O_{28}^{4-}$ 为主，并伴有少量的 VO^{2+}；铬的存在形式以 $HCrO_4^-$ 为主，并有少量的 $Cr_2O_7^{2-}$。现加入还原剂亚焦硫酸钠对该废水进行处理，主要还原反应为：

　　（1）$V^{5+} \rightarrow V^{4+}$。

$$H_2V_{10}O_{28}^{4-} + S_2O_5^{2-} + H^+ \longrightarrow VO^{2+} + SO_4^{2-} + H_2O$$
$$VO^{2+} + S_2O_5^{2-} + H^+ \longrightarrow VO^{2+} + SO_4^{2-} + H_2O$$

　　（2）$Cr^{6+} \rightarrow Cr^{3+}$。

$$HCrO_4^- + S_2O_5^{2-} + H^+ \longrightarrow Cr^{3+} + SO_4^{2-} + H_2O$$
$$Cr_2O_7^{2-} + S_2O_5^{2-} + H^+ \longrightarrow Cr^{3+} + SO_4^{2-} + H_2O$$

　　若后续蒸发浓缩结晶得到的固体物质能够返回工序循环利用，则钒与铬就不需要中和去除了，而是将其返回工序得以回收利用。

4.1.8.3　废水处理中的中和过程

　　中和采用液碱来调整溶液的 pH 值，在碱性条件下把还原后的钒与铬沉淀，然后以铬渣的形式去除，从而达到去除钒铬的目的。主要还原反应为：

$$VO^{2+} + 2OH^- \longrightarrow VO(OH)_2 \downarrow$$
$$Cr^{3+} + 3OH^- \longrightarrow Cr(OH)_3 \downarrow$$

废水处理中还可用二氧化硫还原使 $Cr^{6+} \rightarrow Cr^{3+}$，再用氢氧化钠中和，沉淀出 $Cr(OH)_3$ 渣。

中和过程中需要适当控制溶液的 pH 值，较高的 pH 值有利于沉淀，但会使铵离子转化为氨气逸出，恶化作业环境；而较低的 pH 值不利于沉淀，但铵离子相对比较稳定，作业环境较好。

因沉淀物中铬的含量比钒的含量高得多，被称为铬渣。由于三价铬呈绿色，故铬渣也呈绿色。沉淀过程中硫酸钠要与钒铬一起沉淀出来，形成钒铬钠的共沉淀，则铬渣的实际组成除了钒、铬之外，还有大量的硫酸钠、硫酸铵等。过滤后就得到了铬渣滤饼，滤液中含有大量的硫酸钠与硫酸铵。滤液可经后序的蒸发浓缩进行处理。

4.1.8.4　废水处理中的蒸发浓缩过程

蒸发浓缩的目的是为了实现盐分与水的分离，水以蒸汽的形式蒸发排出，冷凝后得到冷凝水，返回做浸出液、洗涤液循环利用；盐分则经过进一步的冷却结晶后以固体物质析出。通过提高溶液的温度，使溶液中的溶剂（即水）被蒸发掉，降低了溶质（即硫酸钠）的溶解量，使溶液浓缩达到过饱和，从而使硫酸钠结晶析出。最终得到的固体物主要是硫酸钠与硫酸铵。

采用这种工艺进行废水处理，可蒸发浓缩得到十水硫酸钠后将废水循环利用，达到了零排放，但占地面积大，处理的成本高。与这种方法类似的还有硫酸亚铁还原-石灰中和法，其成本也较高。因此对废水处理研究出经济有效的方法是今后研究的重点问题。

【想一想　练一练】

填空题

4-1-1　浸出方式可分为＿＿＿＿式浸出和＿＿＿＿式浸出。

4-1-2　残渣化验三个成分：残渣中的全钒、＿＿＿＿和＿＿＿＿。

4-1-3　过滤过程是＿＿＿＿物质与＿＿＿＿分离的过程。

4-1-4　焙烧熟料中可溶性钒酸钠，主要是＿＿＿＿，该物质中钒的化学价为＿＿＿＿。

4-1-5　板框压滤机是将泥浆进行＿＿＿＿分离的设备，回收底流中的＿＿＿＿。

4-1-6　对不溶解于水的钒酸盐（钒酸铁、钒酸钙等），可以用＿＿＿＿或＿＿＿＿的方法回收钒。

4-1-7　液固比越大，浸出率＿＿＿＿；浸出时间＿＿＿＿有利于提高浸出率。

4-1-8　大多数固体溶质随溶剂的温度升高而溶解度＿＿＿＿。

4-1-9　固液分离时的固体物料粒度大小决定了其＿＿＿＿和过滤阻力，关系到固液分离速度。

4-1-10　熟料粒度细可以增大液固间接触面积，提高＿＿＿＿速度和＿＿＿＿速度。

4-1-11　在湿法冶金中，许多过程是在酸碱盐的＿＿＿＿溶液中完成的，由于酸碱盐等化合物都是电解质，因此所发生的反应，实质上是＿＿＿＿间的反应。

4-1-12　钒溶液中的悬浮物主要是各种杂质离子水解后形成＿＿＿＿。

4-1-13　浸出工序采用氯化钙溶液除磷，使磷生成＿＿＿＿沉淀，同时可破坏胶体，使＿＿＿＿凝聚沉降，加快澄清速度。

4-1-14 从钒溶液中除磷可以使用氯化钙，还可以选择_____。

4-1-15 使用 $CaCl_2$ 溶液除磷的最佳溶液 pH 范围是_____。

4-1-16 目前，在工业上生产 V_2O_5 的熔化工艺主要有_____和_____两种生产方法。

4-1-17 根据钒渣和纯碱在炉内的反应变化过程，通常将炉子分成三个带（阶段）为_____、_____和_____。

4-1-18 钒渣氧化钠化焙烧的设备主要有_____和_____两种。

4-1-19 在 $600 \sim 700 ℃$ 的条件下，钒铁尖晶石氧化后发生分解的反应方程式为：$Fe_2O_3 \cdot V_2O_5 \longrightarrow Fe_2O_3 +$ _____。

4-1-20 在 $600 \sim 700 ℃$ 的条件下，五氧化二钒与碳酸钠反应生成溶于水的钒酸钠的化学反应方程式为：$V_2O_5 + Na_2CO_3 \longrightarrow 2$ _____。

4-1-21 在焙烧炉的_____带主要进行的是钒渣脱水和金属铁及低价氧化物的氧化及分解阶段。

4-1-22 黑料产生的主要原因是_____速度过快，酸度_____。

4-1-23 在一般情况下，多钒酸钠的溶解度随温度的升高而_____。

4-1-24 _____沉淀的产物是多钒酸钠。

选择题

4-1-25 1 基准吨钒渣（标渣）是指（ ）。
A. 1t 五氧化二钒 10.0% 的钒渣
B. 1t 五氧化二钒 15.0% 的钒渣
C. 1t 五氧化二钒 20.0% 的钒渣

4-1-26 生产五氧化二钒的主要原料有（ ）。
A. 钒渣
B. 钒渣、水
C. 钒渣、纯碱、硫铵盐、硫酸

4-1-27 钒渣中含有铁橄榄石、金属铁和钒尖晶石等成分，在焙烧炉内最先氧化的是（ ）。
A. 钒尖晶石
B. 铁橄榄石
C. 金属铁

4-1-28 氧化钠化焙烧的目的是将低价钒转化成几价的可溶于水的钒酸盐（ ）。
A. +3
B. +4
C. +5

4-1-29 下列选项中不属于焙烧添加剂的是（ ）。
A. 碳酸钠
B. 浸出残渣
C. 氯化钠

4-1-30 钒渣氧化钠化焙烧反应是（ ）。
A. 固相间的反应
B. 固相、气相、多相间的反应
C. 固相、液相、多相间的反应

4-1-31 下列说法中不正确的是（ ）。
A. 钒渣必须破碎到一定粒度才能使低价钒氧化物充分氧化。
B. 对于钒渣提钒来说，单独使用食盐或芒硝做添加剂的焙烧效果都不好。
C. 焙烧后熟料出炉可以慢慢冷却，钒转化率不会降低。

4-1-32 下列选项中哪种钒酸盐可溶于水（ ）。
A. $NaVO_3$
B. $Ca(VO_3)_2$
C. $Fe(VO_3)_2$

4-1-33 钒青铜是复杂的含钒氧化物，其中钒的价态有（ ）。

　　　　A. +3 与 +4　　　　　　　B. +4 与 +5　　　　　　　C. +3 与 +5

4-1-34　沉淀时生成多钒酸铵晶粒的大小与（　　　）无关。

　　　　A. 加铵量、加酸量　　　B. 加酸速度、加铵速度　　C. 合格液浓度

4-1-35　固液分离是指固体微粒与液体分离，属于（　　　）。

　　　　A. 物理变化过程　　　　　B. 化学变化过程　　　　　C. 物理化学变化过程

4-1-36　五氧化二钒量折成 V 量的乘数是（　　　）。

　　　　A. 0.28　　　　　　　　　B. 0.56　　　　　　　　　C. 1.78

4-1-37　工业生产上一般要求沉钒温度控制在（　　　）以上。

　　　　A. 90℃　　　　　　　　　B. 85℃　　　　　　　　　C. 95℃

4-1-38　$NaVO_3$溶液是（　　　）。

　　　　A. 碱性溶液　　　　　　　B. 中性溶液　　　　　　　C. 酸性溶液

4-1-39　酸性沉钒废水的主要成分是（　　　）。

　　　　A. 硫酸钠、硫酸铵　　　　B. 硫酸铵、硅酸钠　　　　C. 硫酸钠、铬酸钠

判断题

4-1-40　沉淀时，pH 值控制过低对产品质量有很大影响。　　　　　　　　　　　（　　）

4-1-41　在加铵罐内可以加酸，防止水解沉淀。　　　　　　　　　　　　　　　（　　）

4-1-42　原液钒浓度高，沉钒温度低，NH_4^+离子浓度高，搅拌速度大，沉淀速度就快。

　　　　　　　　　　　　　　　　　　　　　　　　　　　　　　　　　　　（　　）

4-1-43　杂质离子中 Na^+，Ca^{2+}，Fe^{3+}，SO_4^{2-} 等在一定浓度范围内不至影响沉淀率，但

　　　　PO_4^{3-}，Al^{3+}影响钒的沉淀。　　　　　　　　　　　　　　　　　　（　　）

4-1-44　加酸量偏高和偏低时，沉淀均不完全。　　　　　　　　　　　　　　　（　　）

4-1-45　黏料中 V_2O_5品位较低。　　　　　　　　　　　　　　　　　　　　（　　）

4-1-46　产生黑料后一般可用含钒溶液中和处理。　　　　　　　　　　　　　　（　　）

4-1-47　氯化钙的添加量对浸出工序产品质量有影响，而对其收率无影响。　　　（　　）

4-1-48　沉淀时生成多钒酸铵晶粒的大小与加铵量、加酸量、加酸速度、加铵速度等因素

　　　　有关。　　　　　　　　　　　　　　　　　　　　　　　　　　　　　（　　）

4-1-49　在酸性铵盐下沉淀时，加酸越多，反应越充分，沉淀收率也越高。　　　（　　）

4-1-50　沉钒收率只与沉钒废水中的钒浓度有关，与其他因素关系不大。　　　　（　　）

4-1-51　沉钒控制的 pH 值高低，直接影响沉淀物的组成。　　　　　　　　　　（　　）

4-1-52　工业上最早使用的沉淀方法是水解沉淀法。　　　　　　　　　　　　　（　　）

4-1-53　目前沉淀生产中都是用无机酸如硫酸、盐酸来调节溶液 PH 值的。　　　（　　）

4-1-54　生产中沉淀率和沉淀收率的意义不相同。　　　　　　　　　　　　　　（　　）

简答题

4-1-55　浸出的目的是什么？钒的浸出机理是什么？

4-1-56　影响固体在液体中沉降速度的主要因素是什么？

4-1-57　浸出液磷含量高的原因有哪些？如何处理？

4-1-58　焙烧炉高转化率的主要条件有哪些？

4-1-59　焙烧时为什么要配入一定比例的返渣？

4-1-60　叙述磷对沉淀产生什么样的影响？

4-1-61　沉淀的 pH 值如何影响沉淀？

4-1-62　写出熔化工序中的主要反应。

论述题

4-1-63　试画出钒渣钠化焙烧法生产五氧化二钒工艺流程图，并论述其生产过程。

4-1-64　论述影响浸出工序的影响因素。

4-1-65　论述影响沉钒工序的影响因素。

4-1-66　$CaCl_2$ 过多和过少将会出现什么后果？

4-1-67　温度是如何影响浸出率的？

4-1-68　pH 值是如何影响浸出率的？

4-1-69　分别简述原料预处理、焙烧、浸出、净化、沉淀、熔化各工序的主要任务。

4-1-70　为什么焙烧时要求钒渣的粒度达到一定标准？

4-1-71　简述焙烧时间对焙烧转化率的影响？

计算题

4-1-72　现有三氧化二钒实物量 100kg，钒含量为 65%，试计算：（1）金属钒量；（2）标准三氧化二钒量；（3）标准五氧化二钒量；（4）98% 五氧化二钒量。

4-1-73　精钒渣粉的金属铁含量 5%，五氧化二钒含量 12%，苏打比为 1.3，苏打的碳酸钠含量为 96%，试计算每 100kg 精钒渣粉中需要添加的苏打实物量。

4-1-74　精钒渣粉 100kg，五氧化二钒品位为 15%，金属铁含量为 5%，残渣中金属钒含量为 1.5%，试计算精钒渣转浸率。

4-1-75　钒液体积 100m³，钒含量 30g/L，pH 值为 10；加酸系数 1.1，加铵系数 1.3；硫酸纯度 98%，硫酸铵纯度 95%；废水量 95m³，钒含量 0.15g/L，试计算：（1）硫酸加入量；（2）硫酸铵加入量；（3）沉钒率。

4-1-76　熟料中可溶钒 4.8%，残渣中的全钒为 0.8%，可溶钒为 0.10%，含水量为 15%，不考虑其他损失，试计算浸出率为多少。

4-1-77　已知粗钒渣 100t，粗钒渣中 MFe 含量为 11%，水分含量为 1%，V_2O_5 含量为 18.5%，则标渣为多少吨？

4-1-78　试计算钒与 V_2O_5，V_2O_3 与 V 的折合系数。

任务 4.2　钒渣钙化焙烧法生产五氧化二钒

【学习目标】

（1）掌握钒渣钙化焙烧法生产五氧化二钒工艺流程；

（2）熟悉钒渣钙化焙烧法生产五氧化二钒的基本原理；

（3）熟悉钙化焙烧、酸性浸出工序的影响因素；

（4）能应用所学理论知识对五氧化二钒生产的实际问题进行分析、判断及控制。

【任务描述】

钒渣钙化焙烧法生产五氧化二钒工艺是将钒渣（或石煤等其他含钒原料）与石灰或石

灰石混合，经氧化钙化焙烧，使钒生成钒酸钙，然后利用钒酸钙的酸溶性，用硫酸浸出，再进行沉钒、熔化制片的工艺。除焙烧和浸出工序不同于钠化焙烧法外其余工序基本一样。本任务主要介绍钒渣钙化焙烧法生产五氧化二钒的焙烧和浸出工序。

4.2.1　钒渣钙化焙烧法生产五氧化二钒工艺流程

目前，用钒渣生产五氧化二钒主要采用的是钠化焙烧法工艺，该工艺虽然具有技术成熟、产品质量好等优点，但在生产过程中也存在不少问题：

（1）生产过程中对钒渣质量要求严格，尤其是 CaO，SiO_2 的含量。实践表明，钒渣中每增加 1% 的 CaO，就会损失 4.7%~9% 的 V_2O_5。

（2）钠盐熔点较低（如 Na_2CO_3 850℃，NaCl 800℃，Na_2SO_4 884℃），在焙烧温度下易使炉料结块、粘炉、结圈等，从而对焙烧生产过程产生影响并降低钒的转化率。

（3）钠盐添加剂消耗量大，使生产成本较高。

（4）焙烧过程中钠盐的分解产生大量有害气体，如 HCl，Cl_2，SO_2，SO_3 等，污染环境，腐蚀设备。

（5）沉钒过程产生的固废物如提钒尾渣、钒铬渣及副产物硫酸钠难处理，污染环境。

针对钠化焙烧提钒技术的这些问题，近年来，钙化焙烧提钒技术受到越来越多的关注。俄罗斯的图拉黑色冶金联合体采用的就是这种石灰法（钙化焙烧）生产五氧化二钒的工艺。

我国部分厂家采用的钒渣钙化焙烧-酸浸提钒工艺大致要经过六道工序，即先后要经过原料预处理（包括破碎与磁选、粉碎研磨、配料与混料）、氧化钙化焙烧、酸浸、酸性铵盐沉钒、熔化五道主工序；第六道工序就是酸性含钒废水的处理。其工艺流程如图 4-15 所示。

钒渣钙化焙烧-酸浸提钒工艺主要优点包括：对钒渣 CaO，SiO_2 含量的限制放宽，利于钒渣的生产；主要辅料碳酸钙便宜，生产成本降低；废水简单处理后即可循环利用；提钒尾渣不含钠盐，有利于二次综合利用。下面详细介绍不同于钒渣钠化焙烧提钒工艺的焙烧工序和浸出工序。

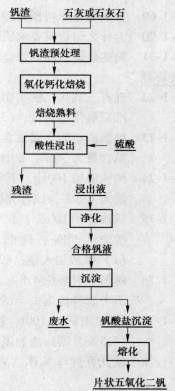

图 4-15　钒渣钙化焙烧-酸浸提钒工艺流程图

4.2.2　钙化焙烧工序

4.2.2.1　焙烧原理

与钠化焙烧一样，焙烧工序是钙化焙烧的基础。将经过钒渣预处理的精钒渣与添加剂（石灰或者石灰石）混配料，均匀混合，送入回转窑进行焙烧。钒渣钙化焙烧的目的首先是破坏钒渣结构，让目标矿相——钒尖晶石暴露出来；然后在氧化气氛下加热，将暴露出来的钒尖晶石分解、氧化后与 CaO 反应生成酸溶性的钒酸钙，有利于后序的酸浸操作。

焙烧物料从窑尾向窑头运动，经由低温到高温，再到低温的过程。该过程中钒渣钙化焙烧化学反应比较复杂，反应首先是尖晶石氧化及分解，然后是分解产物 V_2O_5 与 Ca，Mn，Fe 等的氧化物反应生成溶于酸的钒酸盐。

（1）尖晶石氧化及分解的主要反应。

Fe^{2+} 氧化为 Fe^{3+}：$FeO \cdot V_2O_3 + FeO + 0.5O_2 \longrightarrow Fe_2O_3 \cdot V_2O_3$

V^{3+} 氧化为 V^{4+}：$\qquad Fe_2O_3 \cdot V_2O_3 + 0.5O_2 \longrightarrow Fe_2O_3 \cdot V_2O_4$

V^{4+} 氧化为 V^{5+}：$\qquad Fe_2O_3 \cdot V_2O_4 + 0.5O_2 \longrightarrow Fe_2O_3 \cdot V_2O_5$

分解：$\qquad\qquad\qquad Fe_2O_3 \cdot V_2O_5 \longrightarrow Fe_2O_3 + V_2O_5$

$\qquad\qquad\qquad\qquad\quad CaCO_3 \longrightarrow CaO + CO_2 \uparrow$

（2）$V_2O_5 \longrightarrow$ 酸溶性的钒酸盐的主要反应。

$$V_2O_5 + CaO =\!=\!= Ca(VO_3)_2$$
$$V_2O_5 + 2CaO =\!=\!= Ca_2V_2O_7$$
$$V_2O_5 + 3CaO =\!=\!= Ca_3(VO_4)_2$$
$$V_2O_5 + MnO =\!=\!= Mn(VO_3)_2$$
$$V_2O_5 + Fe_2O_3 =\!=\!= 2FeVO_4$$
$$V_2O_5 + MgO =\!=\!= Mg(VO_3)_2$$

（3）由于钒渣中含有大量的 MnO、MgO 等物质，则可能存在以下副反应：

$$V_2O_5 + 2MnO =\!=\!= Mn_2V_2O_7$$
$$V_2O_5 + 2MgO =\!=\!= Mg_2V_2O_7$$
$$V_2O_5 + 3MgO =\!=\!= Mg_3(VO_4)_2$$

以上反应中得到的钒酸盐大都是酸溶性的，因此，后序的浸出工艺可以选择酸性浸出。

4.2.2.2　影响焙烧转化率的因素

A　CaO/V_2O_5 质量比

$CaO\text{-}V_2O_5$ 体系中，主要存在偏钒酸钙（$CaO \cdot V_2O_5$）、焦钒酸钙（$2CaO \cdot V_2O_5$）、正钒酸钙（$3CaO \cdot V_2O_5$）三种钒酸钙，它们在水中的溶解度都很小，但溶解于稀硫酸和碱溶液。不同钒酸钙盐在不同 pH 下的溶解率如图 4-16 所示。

从图 4-16 可以看出，溶解率最高是在 60℃ 时，焦钒酸钙（$2CaO \cdot V_2O_5$）在 pH = 2.5 ~ 3.5 条件下，溶解率可达到 90% 以上。因此，钒渣钙化焙烧过程中应控制 CaO 与 V_2O_5 的比例，使钙化熟料中的钒酸钙尽可能以焦钒酸钙的形式存在。因此，在配料时控制 CaO/V_2O_5 的质量比在 0.5 ~ 0.6，使之生成焦钒酸钙是最佳选择。

B　焙烧气氛

对于钒渣钙化焙烧来说，低价钒、铁的氧化和含钒尖晶石的分解需要氧气参与反应，提高焙烧气氛中的氧含量实质也就是提高反应物的浓度，可以通过提高焙烧气氛中的氧含量来加快低温反应速度，降低最佳焙烧温度。

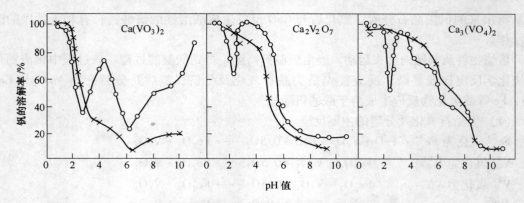

图 4-16　不同钒酸钙盐在不同 pH 下的溶解率
✕ — 20℃；○ — 60℃

焙烧气氛氧化性强弱对最佳焙烧温度影响较大，气氛氧化性强时达到最佳钒转浸率所需控制的焙烧温度比气氛氧化性弱时低。

C　焙烧温度

与钒渣钠化焙烧生产五氧化二钒工艺的焙烧工序类似，焙烧温度直接影响着焙烧工序。实验证明，最佳焙烧温度为 850~870℃。

4.2.2.3　焙烧设备

目前钙化焙烧的设备多采用回转窑，其结构和外观如图 4-4 和 4-5 所示。

4.2.3　酸浸工序

4.2.3.1　酸浸原理

酸浸是将焙烧熟料中的酸溶性钒酸盐溶解到酸溶液的过程。当焙烧熟料与酸接触后，固相中的酸溶性钒化合物由于其本身分子的扩散运动和酸的溶剂化作用，便逐步从内向外扩散进入酸溶液。工业中常用的酸性浸出剂为硫酸，经酸浸出后溶液呈酸性，pH 值控制在 3 左右。

图 4-16 可知，当溶液 pH < 1.35 时，偏钒酸钙、焦钒酸钙、正钒酸钙在 20℃ 和 60℃ 均有较大的溶解率，在硫酸溶液中，生成稳定的五价钒氧基化合物 $(VO_2)_2SO_4$。主要反应为：

$$2Fe(VO_3)_3 + 6H_2SO_4 = Fe_2(SO_4)_3 + 3(VO_2)_2SO_4 + 6H_2O$$

$$Ca(VO_3)_2 + 2H_2SO_4 = CaSO_4 \downarrow + (VO_2)_2SO_4 + 2H_2O$$

$$Mn(VO_3)_2 + 2H_2SO_4 = MnSO_4 + (VO_2)_2SO_4 + 2H_2O$$

$$Fe(VO_3)_2 + 2H_2SO_4 = FeSO_4 + (VO_2)_2SO_4 + 2H_2O$$

四价钒在硫酸溶液中也会溶解并生成稳定的 $VOSO_4$。主要反应为：

$$VO_2 + H_2SO_4 = VOSO_4 + H_2O$$

上述反应都是可逆的。当溶液酸度降低时反应朝相反的方向进行。因此，要想让浸出过程顺利进行，必须保证一定的酸度，pH 值控制在 2.8~3.2。但值得注意的是，钒渣钙化焙烧熟料在 pH 值较低的条件下浸出会使 P，Si，Fe，Mg，Al 等杂质溶解率增大，影响含钒浸出液的质量。

4.2.3.2 浸出液的净化

与钒渣钠化焙烧生产五氧化二钒工艺类似，在钙化焙烧熟料浸出过程中，一些杂质也将随着钒酸钠一起浸出到溶液中，将影响沉钒和产品的质量，因此在浸出过程中要将一些杂质净化除去。

浸出液中含有一定数量呈悬浮状的残渣细粒，浸出液过滤后还要静置一定的时间，以使之沉淀。用 Na_2CO_3 或 NaOH 将 pH 值控制在 10 ~ 12，使 Fe^{2+}，Mn^{2+} 等阳离子生成氢氧化物沉淀而被除去。当 pH 值控制在 9 ~ 10 时，阴离子 CrO_4^{2-}，SiO_3^{2-} 可在溶液中加入 $MgCl_2$ 使之生成 $MgSiO_3$，$MgCrO_4$ 沉淀而除去。将溶液 pH 值控制在 8 ~ 9，加入除磷剂（如 $CaCl_2$ 溶液）除去钒浸出液中的磷。

4.2.3.3 影响酸性浸出的因素

影响钒酸浸的主要因素有熟料粒度、浸出液 pH 值、液固比、浸出温度、浸出时间、搅拌强度等。

A 熟料粒度

熟料粒度对浸出的影响在 4.1.4.3 节详细讨论过。图 4-17 所示为在相同的条件下对钒渣酸浸实验获得的钒转浸率与熟料粒度的关系。

由图 4-17 可以看出，熟料粒度为 + 0.096mm 时，钒转浸率随熟料粒度变小而迅速增大；熟料粒度为 − 0.096mm 时，钒转浸率随熟料粒度变小而增加的幅度较小。因此，合适的熟料粒度为 − 0.096mm。

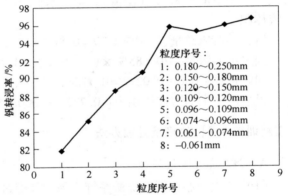

图 4-17 钒转浸率与熟料粒度的关系图

B 浸出液的 pH 值

如图 4-16 所示，在 20℃时 3 种钒酸钙的溶解率都随溶液 pH 值的升高而降低，当溶液 pH 值处于 3.5 以下时溶解率才能达到 90% 以上；在 60℃时，当溶液 pH 值高于 4 时，焦钒酸钙和正焦钒酸钙也几乎是随溶液 pH 值的升高而降低，在 pH = 2.5 ~ 3.5 范围内也只有焦钒酸钙（$Ca_2V_2O_7$）可达到 90% 以上的溶解率。

工业上将溶液的 pH 值调节到 2.8 ~ 3.2。

C 液固比

酸浸中，对钒渣熟料的浸出液固比最终控制在 (3 ~ 5):1 左右。

D 浸出时间

熟料与酸接触开始得越快，浸出的效果就越好，浸出时间长有利于提高浸出率。通常酸浸比水浸的浸出时间长，工业上要求60min以上。

4.2.3.4　酸浸计算

A　浸出率的计算

$$P_浸 = \left(1 - \frac{W_{SV}}{S_{SV}}\right) \times 100\% \qquad (4-9)$$

式中　$P_浸$——浸出率，%；

　　　W_{SV}——尾渣中SV的含量，kg；

　　　S_{SV}——熟料中SV的含量，kg。

B　合格液浓度及生产体积计算

$$m_{SV} = Vc \qquad (4-10)$$

式中　m_{SV}——浸出工序收SV的总量，kg；

　　　V——合格液的体积，L；

　　　c——合格液的浓度，g/L。

【例4-5】　设浸洗TV含量为4.8%，SV含量为4.0%的熟料20t，得到浓度25 g/L的洗液，已知成渣率85%（湿渣），尾渣水分20%，SV为0.2%，假设无其他损失，求该浸出液体积。

解： 可溶钒总量：4.0%×20＝0.8t

损失可溶钒量：20×85%×（1－20%）×0.2%＝0.0272t

回收钒量：0.8－0.0272＝0.7728t

设生产出来的溶液体积为：0.7728×1000/25＝30.91m³

【技能训练4.8】故障及处理办法

A　浸出液pH值偏低

（1）产生问题原因：加酸系统失灵，加酸过量。

（2）解决措施：应立即停止加酸，开启滤液罐出料泵，往浸出罐内打入滤液，中和浸出罐pH值。

B　残渣水分高

（1）产生问题原因：

1）滤布清洗不净，有细颗粒渣堵塞滤布纤维；

2）真空度不够；

3）料浆粒度过细，泥浆料多；

4）料层过厚。

（2）解决措施：

1）加强滤布清洗效果，必要时更换滤布；

2）检查真空泵运行情况以及系统各环节密封情况；

3）控制好物料粒度，针对泥浆料应采取措施，集中处理；

4）适当调整过滤机运行频率和高位罐下料速度。

C　残渣 TV 含量高

（1）产生问题原因：

1）各段抽滤效果差；

2）洗水量不足；

3）尾渣水分高；

4）焙烧氧化率低；

5）浸出反应不充分。

（2）解决措施：

1）增加处理剂量，延长反应时间；

2）在考虑来料浓度的前提下适当调大洗水量；

3）调整焙烧和浸出过程工艺参数。

【想一想　练一练】

选择题

4-2-1　合格浸出液要求磷含量不高于（　　　）。

　　A. 0.015g/L　　　　　　B. 0.15g/L　　　　　　C. 1.5g/L

4-2-2　钙化酸浸提钒工艺生产氧化钒中，浸出的 pH 值是（　　　）。

　　A. 2.8～3.5　　　　　　B. 7～8　　　　　　C. 8.5～9.5

4-2-3　对钒浸出率影响不大的因素有（　　　）。

　　A. 浸出时间　　　　　　B. 固液比　　　　　　C. 熟料全钒

4-2-4　在 60℃、pH = 2.5～3.5 时，钒酸钙的溶解率可达 90% 左右的是（　　　）。

　　A. 偏钒酸钙　　　　　　B. 焦钒酸钙　　　　　　C. 正钒酸钙

4-2-5　过滤效率提高对于浸出率的提高（　　　）。

　　A. 有利　　　　　　B. 有害　　　　　　C. 无关

4-2-6　$Ca(VO_3)_2$ 中的钒元素化合价为（　　　）。

　　A. +3 价　　　　　　B. +4 价　　　　　　C. +5 价

4-2-7　钒渣氧化钙化焙烧反应是（　　　）。

　　A. 固相间的反应　　　　B. 固相、气相、多相间的反应

　　C. 固相、液相、气相、多相间的反应

填空题

4-2-8　对不溶解于水的钒酸盐（如钒酸钙等），可以用_____或_____的方法回收钒。

4-2-9　真空带式过滤机是充分利用_____和_____实现固液分离的高效分离设备。

4-2-10　在一般情况下，钒酸钙的溶解率都随 pH 值的升高而_____。

简答题

4-2-11　钒的酸性浸出原理是什么？

4-2-12　影响钒的酸性浸出的因素有哪些？

4-2-13　影响浸出率的因素有哪些？

4-2-14　熟料粒度对浸出有什么影响？

4-2-15　浸出时间对浸出有什么影响？

计算题

4-2-16 已知 V_2O_3 单耗指标为 14.50t/t，V_2O_3 系统钒收率是多少（按 V_2O_3 产品中 TV 含量为 64% 进行计算）？

4-2-17 熟料中全钒为 5.5%，可溶钒为 4.8%，残渣中的可溶钒为 0.10%，含水量为 18%，若不考虑其他损失，试计算浸出率。

4-2-18 若浸洗 TV 含量为 5.0%，SV 含量为 4.2% 的熟料 20t，得到浓度 22 g/L 的洗液，已知成渣率 83%，尾渣水分 20%，SV 为 0.2%，假设无其他损失，求该浸出液体积。

任务 4.3 三氧化二钒的生产

【学习目标】

（1）掌握三氧化二钒生产的工艺流程；
（2）熟悉三氧化二钒生产的基本原理；
（3）能应用所学理论知识对三氧化二钒生产的实际问题进行分析、判断及控制。

【任务描述】

经过焙烧、浸出、沉钒得到多钒酸铵，将其进行干燥、脱氨、熔化得到五氧化二钒；将多钒酸铵进行干燥还原即可得到三氧化二钒。本任务主要介绍三氧化二钒生产的干燥还原工序。

4.3.1 三氧化二钒生产方法简介

三氧化二钒是一种呈灰黑色、有金属光泽的结晶粉末。三氧化二钒实际上是钒多价氧化物的混合体，可替代五氧化二钒制取钒铁，也可以把三氧化二钒制成碳化钒或氮化钒直接加入钢水中，供冶炼含钒合金钢。三氧化二钒还可以直接用于生产热元件等电子产品，同时可作为加氢、脱氢反应的催化剂。三氧化二钒比五价钒氧化物毒性小。用三氧化二钒冶炼钒铁可大大节约还原剂铝（理论上可节约还原剂 40%），大幅度降低钒铁生产成本。三氧化二钒取代五氧化二钒是世界钒氧化物生产的发展趋势。

20 世纪 80 年代德国电冶金公司（GFE）开发了用天然气还原钒酸铵制取 V_2O_3 的技术并产业化，此后奥地利特雷巴赫化学公司（TCW）用氢气（1997 年后改用天然气）还原钒酸铵生产 V_2O_3。美国战略矿物公司在南非的子公司 Vametco 厂用氨气（现在用石油液化气）还原钒酸铵生产 V_2O_3。1994 年我国攀钢开发了用煤气还原多钒酸铵制取 V_2O_3 的技术。

目前，生产上和实验室中制取三氧化二钒的方法包括：

（1）由氢还原 V_2O_5 制得。在氢气流中还原 V_2O_5，得到 V_2O_3。
（2）在 1000℃ 用碳或煤还原 V_2O_5 制取 V_2O_3。
（3）用一氧化碳还原 V_2O_5 制取 V_2O_3。
（4）用氨气还原 V_2O_5 制取。在 300～600℃ 温度（最好是在 450℃）下进行操作。

（5）用偏钒酸铵在 1000℃下，通过还原气氛热分解制取。据资料介绍，用偏钒酸铵在密闭的回转窑中间接加热，在温度 600～750℃时分解，为了避免 V_2O_3 再氧化，必须在惰性气体下冷却。

（6）用多钒酸铵在密闭回转窑内，在 900～1000℃通入天然气体还原制取（德国电冶金公司纽伦堡钒厂的制取方法，回收率为 99%～100%）。

（7）把一定粒度的钒酸铵或五氧化二钒连续地加入外热式容器中，在其容器中通入工业煤气。通过外加热使容器内高温区达到 500～650℃，使炉料通过此温度区域发生还原反应 15～40min，使其分解还原为 V_2O_3。冷却炉料至 100℃以下出炉。该方法在工业生产中得以应用，其优点是大大降低了还原温度，缩短了还原时间，降低了生产的成本。

（8）将四氧化二钒加入到外加热容器中，通入还原性气体；加热到 550～600℃后保温还原至少 3min；最后隔绝空气冷却到 100℃以下出炉，得到粉体三氧化二钒。这是一种反应温度低、反应时间短的粉体三氧化二钒的生产方法。采用四氧化二钒作为原料，由于原料中钒的价态比传统生产采用的原料（钒酸铵、五氧化二钒）价态低，还原反应更容易进行，反应条件更好，还原剂的用量可以更低。因此，该方法反应温度低，反应时间短，得到的粉体三氧化二钒含钒可以达到 TV 67.76%，钒的回收率在 99.2% 以上。

工业上多用钒酸铵（也可用五氧化二钒、偏钒酸铵等）作原料，用气体（天然气、煤气、氢气、一氧化碳、氨气等）还原。目前世界上只有德国、奥地利、南非和中国具有工业上大量生产三氧化二钒的能力。

4.3.2 三氧化二钒生产的原理

三氧化二钒的制备与五氧化二钒制备最大的不同在于要保持足够的还原气氛。单独考虑用纯一氧化碳或氢气还原五氧化二钒时，在标准状态下，反应的吉布斯函数变化关系见表 4-4。

表 4-4 标准状态下部分反应的吉布斯函数变化

反 应 式	反应式编号	$\Delta G^{\ominus}/J$
$V_2O_5 + CO = 2VO_2 + CO_2$	式（4-11）	$-121127 - 41.42T$
$V_2O_5 + 2CO = V_2O_3 + 2CO_2$	式（4-12）	$-225727 - 22.59T$
$V_2O_5 + 3CO = 2VO + 3CO_2$	式（4-13）	$-102717 - 30.5T$
$V_2O_5 + H_2 = 2VO_2 + H_2O$	式（4-14）	$-91630 - 68.20T$
$V_2O_5 + 2H_2 = V_2O_3 + 2H_2O$	式（4-15）	$-166732 - 76.15T$
$V_2O_5 + 3H_2 = 2VO + 3H_2O$	式（4-16）	$-14244 - 111T$

由热力学知识有：$\Delta G^{\ominus} = RT\ln K^{\ominus} = -19.1438T \lg K^{\ominus}$

代入式（4-11）中，得

$$\Delta G_{10}^{\ominus} = -19.1438T \lg K_{10}^{\ominus} = -121127 - 41.42T$$

$$-\lg K_{10}^{\ominus} = \lg \frac{P_{CO}}{P_{CO_2}} = (-6327.25/T) - 2.16$$

同理带入式（4-12）～式（4-16）得到各反应式的平衡常数与温度的关系。表 4-5 所列为不同温度条件下的各反应式的平衡常数。

表 4-5　不同温度条件下的各反应式的平衡常数

项　目	温度/K					
	500	600	700	800	900	1000
$-\lg K_{10}$	-14.81	-12.71	-11.20	-10.07	-9.19	-8.52
$-\lg K_{11}$	-10.75	-9.16	-8.02	-7.16	-6.50	-5.97
$-\lg K_{12}$	-12.26	-10.48	-9.21	-8.26	-7.52	-6.93
$-\lg K_{13}$	-13.13	-11.53	-10.40	-9.54	-8.88	-8.35
$-\lg K_{14}$	-21.40	-18.50	-16.42	-14.87	-13.66	-12.69
$-\lg K_{15}$	-7.29	-7.04	-6.86	-6.73	-6.63	-6.54

从表 4-5 中的数据可知，P_{CO}/P_{CO_2} 或 P_{H_2}/P_{H_2O} 在平衡时的比值都很小，气相中还原气体的分压 P_{CO} 和 P_{H_2} 在很小时就可以使反应进行。因此上述的反应通过热力学分析都可以进行得较完全。因此，以多钒酸铵（APV）为原料，用一氧化碳或氢气还原，主要的反应有：

（1）一氧化碳还原反应。

$$(NH_4)_2V_6O_{16} + 6CO = 3V_2O_3 + 6CO_2 + 2NH_3 + H_2O$$
$$(NH_4)_6V_{10}O_{30} + 12CO = 5V_2O_3 + 12CO_2 + 6NH_3 + 3H_2O$$
$$(NH_4)_2V_{12}O_{31} + 12CO = 6V_2O_3 + 12CO_2 + 2NH_3 + H_2O$$

（2）氢还原反应。

$$(NH_4)_2V_6O_{16} + 6H_2 = 3V_2O_3 + 2NH_3 + 7H_2O$$
$$(NH_4)_6V_{10}O_{30} + 10H_2 = 5V_2O_3 + 6NH_3 + 13H_2O$$
$$(NH_4)_2V_{12}O_{31} + 12H_2 = 6V_2O_3 + 2NH_3 + 13H_2O$$

（3）一氧化碳的歧化反应。

$$2CO = CO_2 \uparrow + C$$

（4）氨的分解。当 APV 分解出氨后，氨会分解出氢气；标准状态下，当温度达到 166℃ 时，分解出的氢气可以起到还原剂的作用。

$$NH_3 \longrightarrow N_2 + 3H_2$$

（5）干燥脱水。沉钒过滤后得到的多钒酸铵含水分一般为 40%~60%，主要是吸附水。多钒酸铵干燥（设备主要为回转窑）的过程是使多钒酸铵脱水，成为粉状分散的状态，有利于下一步气体还原。

$$APV \cdot nH_2O \longrightarrow APV + nH_2O \uparrow$$

干燥的条件控制在 200℃ 以下，温度高将使多钒酸铵脱铵分解。对气流干燥机来说，由于干燥速度很快，温度可以控制高一些。干燥时避免多钒酸铵结块，影响下一步还原的效果。一般要求多钒酸铵含水分的质量分数不大于 1% 左右。

4.3.3　三氧化二钒生产工艺流程

用钒渣生产三氧化二钒的工艺流程与生产五氧化二钒工艺流程相似，在沉钒得到多钒酸铵之前的工艺流程一样，不同的只是在得到多钒酸铵之后，保持足够的还原气氛，进行干燥和还原过程得到三氧化二钒。其工艺流程如图 4-18 所示。

三氧化二钒生产的还原过程受还原气体成分、流量、压力、还原温度、还原时间、物料的下料速度等因素的影响。实际生产中要根据具体情况选择合适的操作参数。同时，为避免还原得到的 V_2O_3 高温氧化，在窑头端要在隔绝空气（充惰性气体）的条件下冷却到 100℃ 以下出炉。

4.3.4　三氧化二钒生产设备

三氧化二钒的生产设备主要包括干燥设备和还原设备。

目前世界上生产 V_2O_3 的主体设备多为用钢管制成的可外加热的密闭回转窑，如图 4-19 所示。该设备既可以完成干燥脱水步骤，又可以完成还原步骤。其加热方式可用电加热或燃烧气体在窑体的外部加热。干燥好的多钒酸铵从窑体尾部以一定的流量进入窑内，回转窑以一定的转速转动，使物料在窑内不停地翻转，逐渐向窑头方向移动；还原气体以一定的流量和压力从窑头通入窑内，与物料移动方向相反向窑尾流动，从窑尾排出经收尘后点燃排放到大气中。

用于三氧化二钒生产的干燥设备除常用的回转窑外，也可用螺旋干燥机、气流干燥机（如图 4-20 所示）等。

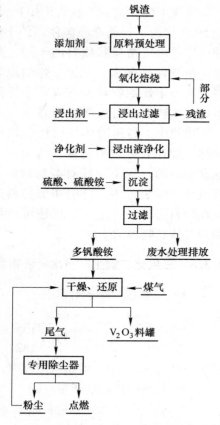

图 4-18　三氧化二钒生产工艺流程图

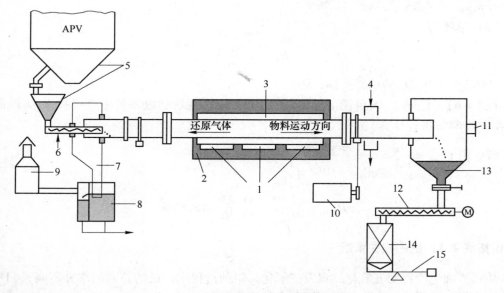

图 4-19　回转窑结构示意图

1—燃烧室；2—耐火材料；3—炉体；4—水冷装置；5—APV 料仓；6—螺旋给料机；7—窑尾密封室；8—水浴除尘装置；9—烟尘净化排放系统；10—传动装置；11—还原气进口；12—螺旋排料机；13—窑头密封室；14—盛料桶；15—磅秤

气流干燥（又称为载流干燥）设备是 20 世纪 50 年代初期开始在我国使用的干燥设备，目前已广泛用于粉粒状物料的干燥。其主干设备是一根气流干燥管。气流干燥的原理是：用加料器将被干燥的物料经直立式干燥管下方的加料口送入管内，而加热后的热空气则由底部送入干燥管中。高速的热气流使粉粒状湿物料被加热、加速并分散地悬浮在气流中，在气流加速和输送的过程中完成对湿物料的干燥。如果在气流干燥装置中，再增加湿物料分散机或小块状物料粉碎机，这种装置还可以用于滤饼状物料及块状物料的干燥。

图 4-20　气流干燥机外观图

4.3.5　三氧化二钒生产技术经济指标

（1）钒系统收率的计算：

$$P_{V_2O_3} = \frac{m_V}{m_V'} = \frac{m \times 64\%}{m_{标渣} \times 10\% \times \frac{102}{182}} \qquad (4\text{-}17)$$

式中　$P_{V_2O_3}$——V_2O_3 的系统回收率，%；

　　　　m_V——产出纯钒量，kg；

　　　　m_V'——投入纯钒量，kg；

　　　　m——产量，kg；

　　　　$m_{标渣}$——标渣量，kg。

（2）单耗的计算：

$$H_{V_2O_3} = \frac{m_{标渣}}{m} \qquad (4\text{-}18)$$

式中　$H_{V_2O_3}$——V_2O_3 的单耗指标，t/t。

【例 4-6】　已知 V_2O_3 单耗指标为 14.50t/t，V_2O_3 系统钒收率是多少（按 V_2O_3 产品中 TV 含量为 64% 进行计算）？

解：由 $P_{V_2O_3} = \dfrac{m_V}{m_V'} = \dfrac{m \times 64\%}{m_{标渣} \times 10\% \times \dfrac{102}{182}} = 11.43 \times \dfrac{m}{m_{标渣}}$

则　　　　　　　　　　$P_{V_2O_3} = \dfrac{11.43}{H_{V_2O_3}} = \dfrac{11.43}{14.50} = 78.83\%$

【知识拓展 4.3】　钒的损失情况

从钒渣到生产得到五氧化二钒或三氧化二钒的过程中，钒的总回收率并不高，归根结底是因为钒在不同的工序中均有不同程度的流失。

原料工序主要是指精钒渣的球磨、精钒渣粉的运输、储存、混料等工序作业。该工序的产物是粉状的物料，扬尘是必然会发生的。此外，球磨过程中要产出大量的球磨筛上铁粒，其中夹带有大量的钒渣，也造成了钒的流失。因此，原料工序钒的流失主要是粉尘和钒渣的损失。

焙烧工序的主要任务是进行氧化钠化焙烧，进料是粉状物料，产出的熟料也含有大量的粉状物料。因此，焙烧工序钒的流失主要是扬尘。

水浸工序包括了两道作业，一是浸出与过滤，二是净化，涉及粉尘、溶液、蒸气与固体残渣。粉尘是以扬尘的形式流失；溶液是以跑、冒、滴、漏的形式流失；蒸汽则是以汽、水夹带的形式造成钒的流失；固体残渣的数量是最大的，也是导致钒流失的决定性的因素。此外，净化过程中的除磷底流中钒以钒酸钠、钒酸钙的形式流失，钒的流失率在 0.4% ~ 0.6%，甚至更高。

沉钒工序主要包括溶液、蒸汽与固体颗粒。钒溶液主要表现为废水中钒的流失；沉钒蒸汽则含有钒，通过烟道排出而流失；固体颗粒主要是细粒 APV 的流失。该工序最大的钒流失渠道是废水中带走的钒。

熔化工序的主要功能是实现 APV 的干燥脱水、分解脱铵、熔化铸片。由于五氧化二钒在 800℃ 以上就显著气化而挥发，同时钒酸铵中的氨在熔化过程中分解出的氨气将五氧化二钒还原为四价钒氧化物，这都会造成钒的损失。粉末和烟气是熔化工序最大的钒流失渠道。

干燥还原工序的主要任务是将湿态的 APV 脱水干燥并还原为粉末状的三氧化二钒。该工序钒的主要流失渠道是烟尘，可见收尘对提高钒的回收率具有重要意义。

【技能训练 4.9】 故障及处理办法

A　V_2O_3 产品品位过低

(1) 问题产生原因：原料品位低；还原时间不够；还原温度过低；还原气氛不够；料量过大。

(2) 解决措施：提高 APV 的品位；降低还原窑筒体的转速，延长还原时间；提高还原窑加热温度；加大还原煤气的通入量；当出料量过大时，应降低给料螺旋转速，减小给料量。

B　产品中杂质硫、磷含量过高

(1) 问题产生原因：原料 APV 中硫、磷含量高；还原温度过低；还原气体中 S 含量高。

(2) 解决措施：加强 APV 的洗涤，降低其中杂质；若磷含量过高，要求浸出工序检查除 P 效果，加强除 P 操作；提高还原温度有利于杂质 S 的脱除。

C　产品中出现大块钒的氧化物

(1) 问题产生原因：窑内有空气等氧化气体进入，高价钒氧化物发生了熔化；温度太高，钒氧化物发生了烧结。

(2) 解决措施：检查窑体是否断裂，检查还原窑两端的密封是否完好；适当降低还原温度，使 V_2O_3 不发生烧结。

D　产品中杂质 C 含量过高

(1) 问题产生原因：还原气体中 C 含量过高；还原温度过高。

（2）解决措施：检查还原气体，降低其 C 含量；减低还原温度。

4.3.6　三氧化二钒的质量评价标准

目前世界上三氧化二钒的生产厂家较少，还没有统一的国家或者国际标准。纯三氧化二钒的理论含钒量为 67.98%，工业三氧化二钒的含钒量可控制在 65%～66% 左右。可根据五氧化二钒的标准折算其含钒品位及杂质含量范围。

三氧化二钒的产品质量与其用途密切相关。将其用于钒铁冶炼时，参照德国 GFE 公司的内控技术条件，要求表观密度通常在 1.0g/cm³ 以上，全钒含量越高越好，硫、磷、碳含量不得超过 0.05%，钾钠（通常用 $Na_2O + K_2O$ 表示）含量尽可能低；当其用于钒氮合金生产时，就目前掌握的情况而言要求钾钠含量越低越好，全钒含量尽可能高。

与熔化工艺相比，还原过程中脱硫的能力十分有限，因此，同样的 APV 得到的三氧化二钒中硫含量往往要比五氧化二钒中的高。磷、钾钠在还原过程中是简单的富集过程，其含量的高低主要依靠浸出、沉淀、洗涤过程来控制。

【想一想　练一练】

简答题

4-3-1　简述三氧化二钒生产过程。

4-3-2　简述三氧化二钒生产的原理。

4-3-3　简述 V_2O_3 产品品位过低的原因及处理方法。

4-3-4　简述产品中杂质硫、磷含量过高的原因及处理方法。

4-3-5　影响 V_2O_3 产品中 P 含量的因素有哪些？

4-3-6　分别简述干燥还原、废水处理各工序的主要任务。

计算题

4-3-7　已知 V 的原子量为 51，多钒酸铵的分子式为 $(NH_4)_2V_6O_{16}$，求多钒酸铵的分子量及 V_2O_3 的含量。

4-3-8　试计算 V、V_2O_3 和 V_2O_5 三者之间的理论折合系数？

4-3-9　已知 V_2O_3 的品位为 65%，问该产品中氧数为多少？（假设产品中杂质含量对品位的影响可以忽略不计）

4-3-10　已知还原收率为 99%，干燥收率为 99%，生产 5t V_2O_3 产品需要多少吨含水 30% 的多钒酸铵？［假设多钒酸铵为单一的 $(NH_4)_2V_6O_{16}$，V_2O_3 产品的品位为 TV 64%］

任务 4.4　二氧化钒的生产

【学习目标】

（1）了解 VO_2 粉体的制备方法；

（2）了解 VO_2 薄膜的制备方法。

【任务描述】

随着温度的变化，VO_2晶型会发生半导体态与金属态的可逆变化，同时，电阻和红外透射率等物理性质也发生突变，这些优异的特性使得VO_2材料在新型热敏器件、光敏器件、光电开关和红外探测等领域有着广阔的应用前景。本任务主要介绍VO_2粉体和薄膜的制备方法及其应用。

4.4.1 二氧化钒的性质及应用

1959 年，科学家 F. J. Morin 在贝尔实验室发现钒的氧化物具有一种特殊的现象：随着温度的降低，在一定的温区内材料会发生从金属性质到非金属性质的突然转变，同时还伴随着晶体向对称程度较低的结构转化。其中 VO_2 因其相变温度为 68℃，最接近室温，最具有应用潜力，得到广泛关注。

VO_2 在低温半导体和高温金属态之间的变化是一种高速可逆相变。当升温达到相变点时，材料的结构和性能同时在 ns 级时间范围内发生突变，晶体由单斜转变为四方，其电阻可突变，红外波段光谱特性由高透射变为高反射。因而可以被广泛应用于热电开关、磁开关、光开关、时间开关、温度传感器、气敏传感器、全息存储材料、电热致变色显示材料、非线性电阻材料以及大面积玻璃幕墙等领域。VO_2 常以粉末状和薄膜状应用于各领域。

VO_2 是钒的众多氧化物里的一种中间价态化合物，在高温下性能不稳定，而其制备条件相对于低价的 V_2O_3 和高价的 V_2O_5 的制备是相当苛刻和难以控制的。

4.4.2 二氧化钒薄膜的制备方法

国内外的研究工作者在 VO_2 薄膜的制备方面做了很多努力。VO_2 薄膜的制备包括射频溅射法、直流磁控溅射法、离子束溅射法等。

4.4.2.1 反应蒸发法

H. Biala 和 F. C. Case 等人曾以高纯的金属钒为原材料，采用反应蒸发法（ARE）在蓝宝石上制备出了 VO_2 薄膜，相变温度为 64℃附近，电阻突变达 3~4 个数量级。这就是反应蒸发法。

反应蒸发法是在氧气压下加热蒸发高纯金属钒，在加热到 400~600℃衬底材料上沉积得到钒氧化物膜，然后进行镀后热处理获得 VO_2 薄膜的方法，如图 4-21 所示。这种方法不适合大规模制备的要求。

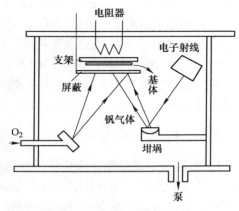

图 4-21 反应蒸发法原理图

4.4.2.2 脉冲激光沉积法

Mark Borek，D. H. Kim 和 H. S. Kwok 曾分别采用脉冲激光沉积法（PLD）在蓝宝石上制备出 VO_2 薄膜，相变温度约为 63~68℃，电阻变化幅度约为$(2~4) \times 10^4$。

脉冲激光沉积法实际是属于反应蒸镀法的一种。

4.4.2.3　磁控溅射法

溅射法包括射频溅射法、直流磁控溅射法、离子束溅射法等。溅射法是指在高压 1500V 的作用下，真空容器内残留的气体分子被电离，形成等离子体，阳离子在电场加速下轰击金属靶，使金属原子溅射到样品的表面，形成导电膜，如图 4-22 所示。

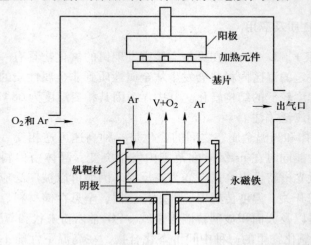

图 4-22　磁控溅射法原理图

该法大多数在 $Ar + O_2$ 等离子体中进行，用氩气为溅射气体，氧气为反应气体，靶材用金属钒（也可用 V_2O_3，VO_2，V_2O_5）。溅射法的原理是将被溅射的金属钒制成靶（阴极），衬底放在阳极，溅射时在阴极上加上直流高压或射频电压，在两极产生辉光放电等离子体，通入的溅射气体被离化成阳离子，在电场的作用下，参与溅射的阳离子轰击金属钒，打出钒原子、离子、高能粒子，与氧气反应生成的 VO_2 沉积在基片上形成薄膜。

R. T. Kivaisi 等人曾用磁控溅射法，以金属钒为靶，用磁控溅射法在石英衬底上制备 VO_2 多晶薄膜，相变温度约为 $65 \sim 68℃$，电阻突变约为 3 个数量级。

溅射法的优点是能在基体上大面积涂覆，涂层均匀，易于掺杂改变 VO_2 的相变温度，但制作成本高。

4.4.2.4　溶胶-凝胶法

溶胶-凝胶法就是用含高化学活性组分的化合物作前驱体，在液相下将这些原料均匀混合，并进行水解、缩合化学反应，在溶液中形成稳定的透明溶胶体系，溶胶经陈化胶粒间缓慢聚合，形成三维空间网络结构的凝胶网络，凝胶网络间充满了失去流动性的溶剂，形成凝胶。凝胶经过干燥、烧结固化制备出分子乃至纳米亚结构的材料。根据所用原料不同分无机溶胶-凝胶法、有机溶胶-凝胶法两种方法。

无机溶胶-凝胶法是以五氧化二钒为原料，将其熔化后的熔体浸入纯水中，制成溶胶，然后在基体上通过浸涂法制成薄膜，用真空加热法使 V_2O_5 脱氧得到 VO_2 薄膜。所得溶胶经过胶凝化形成凝胶，再经过烘干、煅烧等热处理得到所需要的 VO_2 薄膜。

有机溶胶-凝胶法是以钒的醇盐或羧盐为原料，将其溶解在溶剂中，再加入所需其他原料配制成溶液，在一定温度下进行水解、缩聚等化学反应过程，由溶液转变成凝胶，然后经过干燥、烧结过程得到 VO_2 薄膜。

K. R. Speck 等人曾用四异丙醇化钒的溶胶-凝胶（Sol-Gel）法在石英片上生长出多晶 VO_2 薄膜，相变温度约为 67℃，其电阻的变化达 1~2 个数量级。

溶胶-凝胶法是制备薄膜常用的一种方法，其优越性在于：其工艺、设备简单，用料少，成本低；薄膜厚度易于控制，可大面积涂层，涂层均匀，对不规则涂面可实现均匀涂覆；工艺过程温度低；容易掺杂。但同时也具有得到的 VO_2 薄膜容易发生龟裂；附着强度低，薄膜易脱落；薄膜致密度较差，易产生针孔等缺点。

4.4.2.5 化学气相沉积法

化学气相沉积法是近年来发展起来的制备无机材料的新技术。它是利用气态物质在一固体表面上进行化学反应，生成固态均匀沉积物的过程。化学气相沉积法是采用一定蒸汽压的源物质以惰性气体或反应气体为载体，将衬底上源物质输运到衬底表面发生反应（如热分解、氧化、还原、化合等）生成 VO_2 薄膜的方法，源物质可用钒的有机化合物（钒的醇盐和酸盐）或 $VOCl_3$ 等。此方法的优点是薄膜致密，与衬底附着性好，不易脱落。缺点是薄膜厚度有一定限制，不适合在不规则衬底上均匀生长。

4.4.3 二氧化钒粉体的制备方法

VO_2 粉体的制备方法有很多，如溶胶-凝胶法、热分解法、激光诱导气相沉积法、水热合成法、化学沉淀法等。

4.4.3.1 溶胶-凝胶法

溶胶-凝胶法是以纯 V_2O_5 粉体为原料在坩埚内加热到 800~900℃的熔融状态，熔清后迅速将熔体倒入蒸馏水或去离子水中，通过搅拌获得 V_2O_5 溶胶，再经过干燥和粉碎后制成干凝胶粉末；将干凝胶粉末在氧分压为 10Pa、温度为 1100℃的真空炉内还原退火，保温 20h，得到粒径为 50~60nm 的纳米 VO_2 粉末的方法。这种方法简单、实用，且容易进行粉体的掺杂处理。

4.4.3.2 热分解法

热分解法是在一定的气氛条件下，加热分解钒的碳酸盐、硝酸盐、乙酸盐、草酸盐、甲酸盐、硫酸盐等获得 VO_2 粉体的方法，此方法可制备出成分均匀的超细粉末，其颗粒大小均匀，呈光滑球形，有较好的烧结性能，而且过程可连续进行，适应工业化生产。

4.4.3.3 水热合成法

水热合成法是在温度为 100~1000℃、压力为 1MPa~1GPa 条件下利用水溶液或在蒸汽流体中进行有关化学反应，获得 VO_2 粉体的方法。

在亚临界和超临界水热条件下，由于反应处于分子水平，反应性提高，因而水热反应可以替代某些高温固相反应。又因水热反应的均相成核及非均相成核机理与固相反应的扩散机制不同，则可以创造出其他方法无法制备的新化合物和新材料。

这种方法对原料纯度的要求高，但得到的粉体超细，粒度分布窄，团聚程度低，纯度高，晶格完整，有良好的烧结活性，污染小，能量消耗少。

4.4.3.4　化学沉淀法

化学沉淀法将钒盐溶液添加适当的沉淀剂，得到前驱沉淀物，再将沉淀物煅烧、研磨后制成微细粉体。

4.4.3.5　激光诱导气相沉积法

这是利用一定波长的激光使固体原料蒸发，或经过化学反应，或直接凝聚成微粒；或用气体原料（如 $VOCl_3$ 气体）经激光光解或热解合成超细粉末的方法。这种方法加热速度快，蒸汽浓度高，冷却迅速，易得超细均匀粉体，可避免坩埚的污染，但是试验手段复杂，粉体成本高，难以大量制备。

利用上述方法可以得到纳米 VO_2 粉体。产品质量包括整比性能、粒度、纯度等会有很大差异，直接影响产品应用。

VO_2 粉体与 VO_2 薄膜材料相比，制备技术起步较晚，不够完善。如何经济有效地获得成分稳定、粒度均匀的 VO_2 粉体是今后研究的方向。

【想一想　练一练】

论述题

4-4-1　请查阅资料阐述 VO_2 制备和应用的发展趋势。

项目5 金属钒及其合金的生产

任务5.1 金属钒的制取

【学习目标】

（1）了解粗金属钒的制取方法；

（2）了解高纯金属钒的制取方法。

【任务描述】

事实上，纯金属钒的应用没有其化合物的应用广泛，主要用于制造合金钢和有色金属合金，还用于制造电子工业中的电子管阴极、栅极、射线靶及吸气剂、电极管的荧光体、高速增殖堆、核燃料包套等，或者用作钛基合金的添加元素和高强度耐热特种合金的添加元素。本任务主要介绍粗金属钒和高纯金属钒的制取方法。

5.1.1 金属钒的制取方法

金属钒的制取即用金属或碳将钒氧化物还原成金属钒的过程，是钒冶金流程的重要组成部分。通常金属钒的生产分为粗金属钒的制取和高纯金属钒的制取两步。

（1）粗金属钒的制取。用还原法制取含有一定碳、氧、氮与氢等杂质的金属钒，这种金属钒因含有这些杂质，硬度高，不利于下一步的机加工以及某些应用，还需进一步提纯。

（2）高纯金属钒的制取。用熔盐电解法、真空熔炼法、碘化物热分解法等进一步提纯得到高纯金属钒。高纯金属钒能够应用于电子管阴极、栅极、射线靶及吸气剂、电极管的荧光体、高速增殖堆、核燃料包套等特殊领域。

5.1.2 粗金属钒的制取

粗金属钒的制取方法主要有钙热还原、真空碳热还原、氯化物镁热还原和铝热还原四种方法。

5.1.2.1 钙热还原法

钙热还原法是最早使用的制取金属钒的方法，是一种工业规模生产金属钒的方法。这种方法以 V_2O_5 或 V_2O_3 为原料，钙屑为还原剂。钙用量为理论量的 60%。钙屑和 V_2O_5 或 V_2O_3 混合后，加入到放置在用惰性气体清洗过的钢质反应罐的氧化镁坩埚中，再加碘（或硫）作发热剂，碘的加入量按生成 1mol 钒添加 0.2mol 碘计量，充氩气密封后，用高频感应器加热，温度达 700℃ 时便开始反应。其主要反应为：

$$V_2O_5 + 5Ca \Longrightarrow 2V + 5CaO + 1620.07kJ$$
$$V_2O_3 + 3Ca \Longrightarrow 2V + 3CaO + 683.24kJ$$

还原高价的 V_2O_5 反应快，低价的 V_2O_3 反应慢，而且还原 V_2O_3 所用的钙比还原 V_2O_5 少约 40%，因此先用 H_2 或 CO 将 V_2O_5 还原成 V_2O_3 是值得考虑的方法。

因钒氧化物和钙反应是放热反应，反应能自动进行，反应开始后便停止加热。停止加热后随着反应进行温度会上升到 1900℃。反应形成以氧化钙为主的炉渣，往往和金属钒不易分离。因此冶炼中需添加一定量的氯化钙（或碘、硫）与氧化钙形成流动性好的炉渣，使之与金属钒易于分离。

钙热还原法生成的塑性金属钒块或钒粒用水洗去附着物，钒收率约 74%。若在炉料中加铝时，钒收率可提高到 82% ~ 97.5%，但因钒含铝高而变脆。

5.1.2.2　镁热还原法

因金属镁的纯度高，价格比钙低，反应生成的氯化镁比氯化钙易挥发，所以用镁还原比用钙还原更有优势。镁热还原法的工艺流程如下：

（1）用含钒 80% 的钒铁氯化制取粗四氯化钒，并用蒸馏法脱除粗四氧化钒中的三氯化铁。

$$\frac{2}{3}V + Cl_2 \Longrightarrow \frac{2}{3}VCl_3$$
$$\frac{1}{2}V + Cl_2 \Longrightarrow \frac{1}{2}VCl_4$$
$$V + Cl_2 \Longrightarrow VCl_2$$
$$3V_2O_5 + C \longrightarrow V_xO_y + CO$$
$$V_xO_y + C + Cl_2 \longrightarrow VCl_4 + VOCl_3 + CO/CO_2$$
$$3VOCl_3 + 2C + \frac{3}{2}Cl_2 \longrightarrow 3VCl_4 + CO/CO_2$$

（2）在圆柱形镁回流器中将四氯化钒转化为 VCl_3，并用蒸馏法去除 VCl_3 中的三氯氧化钒 $VOCl_3$。

$$2VCl_4^+ \longrightarrow 2VCl_3 + Cl_2$$
$$2VCl_3 \longrightarrow VCl_2 + VCl_4$$

（3）将冷却后的三氯化钒（含有部分）破碎后放置在还原反应罐中，在氩气保护下加入镁将 VCl_3 和 VCl_2 还原成金属钒。

$$Mg + VCl_3 \Longrightarrow V + MgCl_3$$
$$Mg + VCl_2 \Longrightarrow V + MgCl_2$$

（4）用真空蒸馏法除去金属钒中的镁和氯化镁，并用水洗去金属钒中残留的氯化镁，干燥后获得产品钒粉。

镁还原作业在软钢坩埚中进行。软钢坩埚放在软钢罐内，用煤气加热。先将酸洗后的镁锭加入坩埚，再加入 3 倍于镁锭量的三氯化钒。还原温度控制在 750 ~ 800℃。根据温度指示器判断反应的快慢，如反应缓慢则补加镁，保温约 7h 后冷却到室温。每批可生产 18 ~ 20kg 金属钒。然后取出坩埚放在蒸馏炉中缓慢加热至 300℃ 温度，并在 300℃ 下保温。当指示压力达 0.1333 ~ 0.6666Pa 时再升温到 900 ~ 950℃ 保温 8h，快速冷却到室温，所得海绵钒的纯度为 99.5% ~99.6% ，钒的收率为 96% 。

　　值得说明的是，用镁还原 VCl_2 比还原 VCl_3 更有优势：还原 VCl_2 比还原 VCl_3 镁的用量减少约 1/3 ；提高了反应器的利用率； VCl_2 比 VCl_3 更稳定，对冶炼设备的腐蚀性相对较轻； VCl_2 不会从空气中吸潮气，容易解决运输问题。

5.1.2.3　铝热还原法

　　德国曾采用铝热还原法生产粗金属钒。这种方法是将五氧化二钒和纯铝放在反应罐中进行反应，生成钒铝合金。钒合金在 2063K 的高温和真空中脱铝，可制得含钒 94% ~97% 的粗金属钒。

5.1.2.4　真空碳热还原法

　　真空碳热还原法以钒的氧化物和碳粉为生产原料，大体分为两个步骤。

A　将钒氧化物还原碳化成 VO 与 VC

首先用碳将钒氧化物还原碳化成 VO 与 VC，该过程中既有直接还原也有间接还原。

直接还原：
$$V_2O_5 + C \longrightarrow 2VO_2 + CO$$
$$2VO_2 + C \longrightarrow V_2O_3 + CO$$
$$V_2O_3 + C \longrightarrow 2VO + CO$$
$$VO + 2C \longrightarrow VC + CO$$

间接还原：
$$CO_2 + C \longrightarrow 2CO$$
$$V_2O_5 + CO \longrightarrow 2VO_2 + CO_2$$
$$2VO_2 + CO \longrightarrow V_2O_3 + CO_2$$
$$V_2O_3 + CO \longrightarrow 2VO + CO_2$$
$$VO + 3CO \longrightarrow VC + 2CO_2$$

　　若钒氧化物和碳粉均匀混合呈粉料还原，应以间接还原为主；若钒氧化物颗粒被碳包裹，则以直接还原为主；若钒氧化物和碳粉两者做成球，则两种还原机理都同时存在。

　　这些反应中，钒氧化物的价态越低，其还原难度越大，这既有热力学的原因，也有动力学原因。还原反应要在真空下进行（特别是在后期），可随时将所产生的还原气体带走，促使反应向右进行。

B　VC 与 VO 相互作用生成金属钒
$$VO + VC \Longrightarrow 2V + CO$$

提高温度和提高真空高度对还原过程有利。

　　具体生产过程是将 V_2O_5 粉与高纯碳粉混合均匀，加 10% 樟脑乙醚溶液或酒精，压块后放入真空碳阻炉或感应炉内。炉内真空压力到 0.666Pa 后，升温至 1300℃ ，保温 2h，冷却后将反应产物破碎。根据第一次还原产物的组分再配入适量碳化钒或氧化钒进行二次还原。二次还原炉内的真空压力为 0.0266Pa ，温度控制在 1700 ~1750℃ 之间，并保温一段时间。真空碳还原法所得金属钒的成分（质量分数）为：钒 99.5% ，氧 0.05% ，氮 0.01% ，碳 0.1% 。钒收率可达 98% ~99% 。

　　用真空碳热还原法得到的金属钒通常含有一定的碳和氧，而且两者呈比例关系，也就是氧含量低则碳含量高，而碳含量低则氧含量高。所得金属钒纯度通常没有钙或镁热还原法的高，还需进一步高真空精炼才能得到高纯的可塑性钒。

5.1.3　高纯金属钒的制取

真空碳热还原法所得的金属钒通常只有 99.5% 的纯度，钙还原法所得的金属钒也只有 99.5%～99.6% 的纯度，都还含有少量氧、氮、碳等杂质，还需进一步提纯才能得到高纯金属钒。常用的精炼提纯的方法有熔盐电解法、真空熔炼法、碘化物热分解法等。

5.1.3.1　熔盐电解法

熔盐电解法可用不同的含钒物料为生产原料来制取高纯度钒。

A　电解粗金属钒制取高纯钒

用钙热还原得到的钒做阳极，铁棒为阴极，用溴盐或氯盐为电解质，在惰性气体保护下，630℃ 左右电解，可将钒中杂质总量由 0.4%～0.5% 降低到 0.05%，甚至更低，所得金属钒的硬度由电解前的 90HRB 降到 50HRB，得到具有一定塑性的钒。如果还需要降低杂质成分，可进行二次熔盐电解。二次熔盐电解采用前一次电解所得的金属钒为阳极，用钼棒为阴极，氩气保护下，在 KCl-LiCl-VCl$_2$ 中电解，可得杂质总量为 121×10^{-6} 左右的高纯度钒。

B　电解 VC 制取高纯钒

以 VC 做阳极，用钼棒为阴极，用 NaCl-LiCl-VCl$_2$ 作电解质，在氩气保护、650℃ 下电解，可得钒含量为 98.5%～99.22% 的金属钒，但其纯度和塑性还不够，还需进行二次电解。二次电解是在和一次电解同样的电解质中，降低电流密度和电解时间，得到含钒 99.92%、硬度为 35HRB 的高纯钒。

C　电解钒铝合金制取高纯钒

以含铝为 20.5%～5% 的钒铝合金做阳极，用钼棒为阴极，用 NaCl-LiCl-VCl$_2$ 或 KCl-LiCl-VCl$_2$ 作电解质，可得到杂质总量为 0.328%～0.358% 左右的金属钒。

5.1.3.2　真空熔炼法

真空熔炼法常被用于粗金属的精炼提纯，即在真空炉内，真空提纯精炼金属钒，所用真空炉有真空感应炉、真空电弧炉、真空电子束炉（如图 5-1 所示）等。

真空感应炉、真空电弧炉常被用于真空精炼真空碳热还原法制得的粗钒和铝热还原法制得的 V-Al 合金。其具体过程为：粗金属钒经破碎到一定粒度后，加入钒氧或钒碳中间合金调整碳氧比，进行压块，在真空炉内 0.133Pa 下脱氧、碳、氮等，可得到 99.7%～99.8% 金属钒。

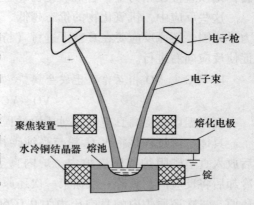

图 5-1　真空电子束炉结构示意图

若将含铝 11% 的 V-Al 合金在真空感应炉内加热至 1700℃，0.0066Pa 下脱铝 8h，可将铝含量从 11% 左右降到 1.42%，氧含量从 0.29% 降至 0.01%。若将得到的金属钒继续用真空电子束处理，可将铝含量进一步降低到 0.010%，氧含量降低到 0.005%，碳含量降低到 0.015%。

5.1.3.3　碘化物热分解法

碘化物热分解提纯钒的基本原理是在真空气氛 850℃下，粗钒与碘生产 VI_2，再升温至 1350℃下在钨丝上分解成高纯 V 和 I，所产生的 I 又继续和粗钒反应，如此循环往复。在和碘化合、分解两过程中，绝大部分杂质和碘的反应效率很低，从而粗钒得到提纯。这种方法适用于提纯钙热还原法和碳热还原制得的金属钒。

【想一想　练一练】

论述题

5-1-1　请查阅资料并阐述纯金属钒制备方法和应用的发展趋势。

任务 5.2　钒铁合金的生产

【学习目标】

（1）掌握钒铁合金冶炼的基本原理；

（2）熟悉钒铁冶炼的主要方法及其特点；

（3）掌握硅热法、铝热法及电铝热法冶炼钒铁的工艺流程、工艺操作要点及控制调节方法；

（4）熟悉硅热法、铝热法及电铝热法冶炼钒铁的主要设备种类、结构及工作原理；

（5）会操作设备完成钒铁冶炼任务；

（6）会运用钒铁冶炼基本原理知识分析及解决钒铁冶炼中出现的问题。

【任务描述】

（1）钒铁合金冶炼配、混料工在配、混料前要检查称量装置、除尘系统、配料系统及混料机运行是否良好；要对原辅材料进行复查；要进行配料、混料作业。

（2）钒铁合金冶炼工在冶炼前要进行炉料确认到位，检查冷却水系统、尘系统、电炉系统等是否运行良好；要进行冶炼操作、出铁操作、脱模水淬及补炉作业。

（3）钒铁成品工要进行砸铁、破碎及筛分、包装等作业。

5.2.1　钒铁合金冶炼概述

5.2.1.1　钒铁用途

全球钒产量的 80% 以上用于钢铁工业，并且多以钒铁合金的形式加入到钢铁中。钢铁工业中钒铁用量有一半以上用于冶炼特殊钢，三分之一以上用于冶炼高强度低合金钢。钒能与钢中的碳和氮发生反应，生成小而硬的难熔金属碳化物和氮化物，这些化合物能起到细化剂和沉淀强化剂的作用，细化钢的组织和晶粒，提高晶粒的粗化温度，从而降低了敏感性，提高钢材制品的韧性、强度以及耐磨性。含钒钢因具有强度高，韧性、耐磨性、耐腐蚀性好的特点而广泛用于机器制造、建筑、航空航天、铁路、桥梁等行业。特别是石油、天然气管道和钒微合金化铁路钢轨需求增加，对钒铁市场产生较大的支撑效应。

5.2.1.2　钒和铁固溶体

钒和铁之间可互溶，能形成连续的固溶体，形成多种品位钒铁，其中的铁含量不同，故钒铁的熔点不是一个确定的数。

V-Fe 化合物为正方晶系，晶格常数 $a = 0.859\mathrm{nm}$，$c = 0.452\mathrm{nm}$，$c{:}a = 0.516$。最低共熔点为 1468℃（含 V31%）。V-Fe 相图如图 5-2 所示。

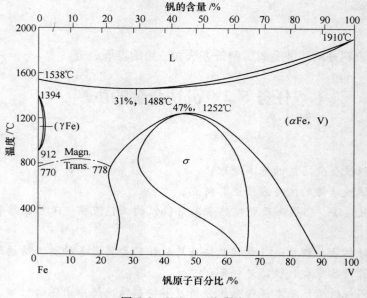

图 5-2　V-Fe 二元系图

从图 5-2 可知，各种品位 FeV 熔点较高，故冶炼需在较高温度下进行，一般冶炼温度须在 1500℃ 以上。

5.2.1.3　钒铁冶炼方法分类

A　以还原剂来区分

根据冶炼钒铁使用的还原剂不同，通常分为碳热法、硅热法或铝热法三种。

碳热法生产钒铁的特点主要有：

（1）所用还原剂碳价廉易得，生产成本低。

（2）只能得到含碳 5%~8% 的高碳钒铁。

（3）利用碳热法生产钒铁的方法没有得到发展。用碳热法生产钒铁，只能得到含碳 5%~8% 的高碳钒铁，高碳钒铁在炼钢使用上受到限制。

电硅热法制得的钒铁含钒品位一般为 35%~55%。钒的冶炼回收率很高，可达 98% 以上；由于采用价格比铝低很多的硅铁作还原剂，每吨含 V40% 的钒铁耗电 1600~1700kW·h，冶炼成本较低。但设备较复杂，难以冶炼含 V 大于 80% 的钒铁，产品含碳量一般难以降到

0.2%~0.3% 以下。

铝热法生产钒铁的成本较高，但可冶炼出含钒高、杂质含量低的高质量钒铁，也可得到含钒 97% 以上的工业纯钒。

B 以还原设备区分

在电炉中冶炼的有电炉法（包括碳热法、电硅热法和电铝热法）。不用电炉加热，只依靠自身反应放热的方法称为铝热法（即炉外法）。

C 以含钒原料不同区分

用五氧化二钒、三氧化二钒原料冶炼的方法和用钒渣直接冶炼钒铁的方法。

采用以 V_2O_5 或 V_2O_3 为原料生产钒铁，通常采用铝热还原法。V_2O_5 和 V_2O_3 两者冶炼反应原理相同，区别在前者反应放热较后者反应放热较高，后者需要补充热量，一般在电炉内进行。

目前国内钒铁冶炼工艺有电铝热法直筒炉一步法冶炼工艺和倾翻炉铝热冶炼两步法工艺。直筒炉一步法冶炼工艺，是一套成熟工艺，主要特点如下：

（1）具有设备流程短、工艺操作简单的优点；

（2）能耗和成本较高；

（3）该工艺生产的合金饼由于冷却缓慢，容易造成钒铁成分不均，砂化结晶（力学性能劣化）等质量缺陷，钒回收率难以超过 95.5%，提高钒收率和降低铝含量难以兼顾；

（4）冶炼过程不能有效控制合金成分，产品质量完全取决于配料。

倾翻炉铝热冶炼两步法的新工艺冶炼，钒铁成分均匀性好，铝含量低，结晶形态好，产品方便破碎、制样等。倾翻炉铝热冶炼的原料以 V_2O_3 为主，辅以 V_2O_5 引弧，可以节约大量的铝还原剂，成本大幅度降低。由于还原 V_2O_3 放出的热量不足以维持反应的继续进行，必须从外部添加热源，因此采用倾翻炉铝热两步法冶炼-产品浇注的工艺，电炉在工艺中起主导作用，实现了冶炼过程的可控性，使产品质量易于控制。

5.2.1.4 钒铁的质量标准

国际上钒铁根据含钒量分为低钒铁（FeV35 ~ 50，一般用硅热法生产）、中钒铁（FeV55 ~ 65）和高钒铁（FeV70 ~ 80，一般用铝热法生产）。

我国钒铁标准见表 5-1，钒铁国际标准（ISO 5451—1980）见表 5-2、表 5-3，日本钒铁标准（JIS G2308—1986）见表 5-4 ~ 表 5-6，德国钒铁标准（DIN 17563—1965）见表 5-7、表 5-8，前苏联标准（ГОСТ 4760—1970）见表 5-9，瑞典钒铁标准（SS 146642）见表 5-10 ~ 表 5-12，美国标准（ANSI/ASTM A102—1976（1981））见表 5-13 ~ 表 5-15，美国钒铁标准（MA 150，MA 151）见表 5-16。

表 5-1 我国钒铁（低磷钒铁）标准（YB/T 4247—2011）

牌 号	化 学 成 分（质量分数）/ %						
	V	C	Si	P	S	Al	Mn
	≥	≤					
FeV50P0. 04	50. 0	0. 40	2. 0	0. 04	0. 01	0. 50	0. 05
FeV50P0. 05	50. 0	0. 75	2. 5	0. 50	0. 02	0. 80	0. 05

表 5-2　钒铁国际标准

代　号	化学成分/%									
	V	Si	Al	C	P	S	As	Cu	Mn	Ni
		≤								
FeV40	35.0～50.0	2.0	4.0	0.30	0.10	0.10				
FeV60	50.0～65.0	2.0	2.5	0.30	0.06	0.05	0.06	0.10		
FeV80	75.0～85.0	2.0	1.5	0.30	0.06	0.05	0.06	0.10	0.50	0.15
FeV80Al2	75.0～85.0	1.5	2.0	0.20	0.06	0.05	0.06	0.10	0.50	0.15
FeV80Al4	70.0～80.0	2.0	4.0	0.20	0.10	0.10			0.50	0.15

表 5-3　国际标准钒铁的颗粒粒度

等级	粒度范围/mm	过细粒度（最大）/%	过粗粒度（最大）/%
1	2～100	3	10
2	2～50	3	
3	2～25	5	在两个或三个方向上不得有超过规定粒度范围最大极
4	2～10	5	限值×1.15 的粒度
5	≤2		

表 5-4　日本钒铁标准化学成分　　　　　　　（%）

种　类	代　号	V	C	Si	P	S	Al
			≤				
钒铁 1	FV1	75.0～85.0	0.2	2.0	0.10	0.10	4.0
钒铁 2	FV2	45.0～55.0	0.2	2.0	0.10	0.10	4.0

表 5-5　日本钒铁特殊指定化学成分　　　　　　　（%）

种　类	P	S	Al
	≤		
钒铁 1，2 号	0.03	0.05	1.0
			0.5

表 5-6　日本钒铁粒度　　　　　　　（mm）

种　类	代　号	粒　度
一般粒度	g	1～100
小粒度	s	1～50

表 5-7　德国标准钒铁化学成分　　　　　　　（%）

种　类	代　号	V	Al	Si	C	S	P	As	Cu
					≤				
钒铁	FeV60	50～65	2.0	1.5	0.15	0.05	0.06	0.06	0.10
钒铁	FeV80	78～82	1.5	1.5	0.15	0.05	0.06	0.06	0.10

表5-8　德国铁合金粒度标准（DIN 17599—1981）

粒度范围/mm	允许筛下物/%		允许筛上物/%
	总　计	<3.15mm	
25~200	10	5	10
10~100	10	5	在2~3个方向上不得有超过粒度范围最大极限值×1.15的粒度
3.15~50	5	5	
3.15~25	5	5	
<3.15			

表5-9　前苏联标准化学成分　　　　　　　　（%）

代　号	V	C	Si	P	S	Al	As
	≥	≤					
Ba1	35.0	0.75	2.0	0.10	0.10	1.0	0.05
Ba2	35.0	0.75	3.0	0.20	0.10	1.5	0.05
Ba3	35.0	1.00	3.5	0.25	0.15	2.0	0.05

注：破碎粒度不超过5kg块状，但通过10mm×10mm筛孔的筛下量不得超过总量的10%。

表5-10　瑞典钒铁标准化学成分　　　　　　　（%）

名　称	代　号	V	Al	Si	C	S	P	Mn
			≤					
钒铁	FeV40	35~50	4	2	0.3	0.1	0.1	
	FeV60	50~65	2.5	2	0.3	0.05	0.06	
	FeV80	75~85	1.5	2	0.3	0.05	0.06	0.5
	FeV80Al2	75~85	2	1.5	0.2	0.05	0.06	0.5

表5-11　瑞典钒铁中其他元素的最大含量　　　　　（%）

元素名称	Cr	Ni	Mo	Ti	Cu	Pb	As	Sb	Sn	Bi	Zn	N
含量	0.2	0.2	0.75	0.15	0.15	0.02	0.06	0.05	0.05	0.02	0.02	0.2

表5-12　瑞典钒铁颗粒粒度

等　级	粒度范围/mm	大于规定粒度范围的数量/%	小于规定粒度范围的数量/%
2	3.15~50	≤10	≤5
3	3.15~25	≤10	≤8

表5-13　法兰/美国钒铁标准化学成分　　　　　（%）

等　级	V	C	Si	P	S	Al	Mn
	≥	≤					
A	50~60.0 或 70.0~80.0	0.20	1.0	0.050	0.050	0.75	0.50
B	50~60.0 或 70.0~80.0	1.5	2.5	0.060	0.050	1.5	0.50
C	50~60.0 或 70.0~80.0	3.0	8.0	0.050	0.10	1.5	
可锻铸级	35~45.0 或 50.0~60.0	3.0	8.0 或 7~11	0.10	0.101	1.5	

表 5-14　美国钒铁标准补充的化学成分　　　　　　　　（%）

等　级	Cr	Cu	Ni	Pb	Sn	Zn	Mo	Ti	N
ABC 锻	0.50	0.15	0.10	0.020	0.050	0.02	0.75	0.15	0.20

表 5-15　美国钒铁块度和允许误差

等　　级	标准块度/mm	偏　　差	
ABC 铸铁级	<50	>50mm≤10%	<0.84mm≤10%
	<25	>25mm≤10%	<0.84mm≤10%
	<12.5	>12.5mm≤10%	<0.60mm≤10%
	<2.36	>2.36mm≤10%	<0.074mm≤10%

表 5-16　美国钒铁标准化学成分　　　　　　　　（%）

标准号	产品名称	V	C	P	S	Si	Al
			≤				
MA150	80%级低碳钒铁	78~82	0.15	0.06	0.02	1	1~2
MA151	标准级钒铁	60~70	1.5	0.1	0.1	8	5

注：钒铁颗粒粒度小于 51mm。

5.2.2　冶炼钒铁的基本原理

金属热法冶炼铁合金一般是用对氧亲和力大的元素（活泼金属）去还原对氧亲和力小（不活泼）的金属氧化物，获得该金属与铁熔于一起的铁合金。铝、钙、镁及硅等活性金属可作为绝大部分氧化物的还原剂，金属热法最常用的是硅热法和铝热法，金属热还原法可用下式表示：

$$3(Me_xO_y) + 2[Me'] \xrightarrow{\text{造渣剂}} 3x[Me] + y(Me'_2O_3) \tag{5-1}$$

式（5-1）中，被还原的氧化物中的 Me 和还原金属 Me′ 对氧亲和力的差别越大，则反应就越容易进行。还需要说明的是，造渣剂对反应过程影响是很大的。生成的 Me′$_2$O$_3$ 必须结合在液态渣中。要求这种渣对被还原的金属氧化物 MeO 的溶解能力小。

采用金属热还原法时，如果冶炼过程化学反应放出大量的热能，足够把合金和炉渣加热到必需的温度而无需从外界供给热量，则冶炼可在炉外进行，称为炉外法。

在金属热还原法中，当估计一种金属还原另一金属氧化物的可能性时，还必须考虑到它们相变的影响，尤其是真空条件的影响。例如通常条件下 MgO 是很稳定的，其分解压远小于 SiO$_2$ 的分解压，用 Si 不能还原 MgO，但考虑到 MgO 的沸点较低（1107℃），当温度超过该值时，MgO 的稳定性随着温度的升高急剧降低。当温度达到 2500℃ 时，MgO 的分解压与 SiO$_2$ 的分解压趋于相等。

5.2.2.1　铝热法冶炼钒铁的原理

铝热法冶炼钒铁主要反应原理为：

$$Me_xO_y + Al \longrightarrow Al_2O_3 + Me \qquad \Delta H^{\ominus}_{298}(Al) = Q\text{kJ/mol} \tag{5-2}$$

$$Me_xO_y + Si \longrightarrow SiO_2 + Me \qquad \Delta H^{\ominus}_{298}(Si) = Q\text{kJ/mol} \tag{5-3}$$

$$Me_xO_y + Mg \longrightarrow MgO + Me \qquad \Delta H_{298}^{\ominus}(Mg) = QKJ/mol \qquad (5-4)$$

$$Me_xO_y + Ca \longrightarrow CaO + Me \qquad \Delta H_{298}^{\ominus}(Ca) = QKJ/mol \qquad (5-5)$$

一般认为，上述 Q 值等于 $-301.39kJ$ 时，该反应式能自发进行，其反应放热能达到使炉料熔化、反应、渣铁分离的程度。当然，要使 Me 的收率达到高的指标，这个值不一定是最佳的。

如果上述反应的 Q 值不够 $-301.39kJ$，就必须采取别的措施。一般是提供放热副反应及给体系通电等手段。副反应一般是根据本国的国情及参加副反应物质的价格水平来选择一些不至于污染合金的氧化物来和还原剂发生化学反应，并放出大量的热，以补充上述 Q 值的不足。在我国通常是选用 $KClO_3$，$NaNO_3$，如：

$$6NaNO_3 + 10Al == 5Al_2O_3 + 3Na_2O + 3N_2 \uparrow \quad \Delta H_{298}^{\ominus}(Al) = -710.90kJ/mol \qquad (5-6)$$

$$KClO_3 + 2Al == Al_2O_3 + KCl \qquad \Delta H_{298}^{\ominus}(Al) = -868.59kJ/mol \qquad (5-7)$$

如果上述反应的 Q 值超过 $-301.39kJ$，也应该采取别的措施。如配入一定量的炉渣、碎合金等吸收多余的热量，以免反应过于激烈而造成的喷溅。因为喷溅时会造成被还原金属的收率降低，严重时还会造成设备损坏及人身伤害。

用铝热法生产钒铁的原理，钒的价态较多，通常可以描述为以下几个反应式：

$$3V_2O_{5(s)} + 10Al == 6V + 5Al_2O_3 \qquad \Delta H_{298}^{\ominus}(Al) = -368.36kJ/mol \qquad (5-8)$$

$$\Delta G^{\ominus}(Al) = -681180 + 112.773T \ J/mol$$

$$3VO_2 + 4Al == 3V + 2Al_2O_3 \qquad \Delta H_{298}^{\ominus}(Al) = -299.50kJ/mol \qquad (5-9)$$

$$\Delta G^{\ominus}(Al) = -307825 + 40.1175T \ J/mol$$

$$V_2O_3 + 2Al == 2V + Al_2O_3 \qquad \Delta H_{298}^{\ominus}(Al) = -221.02kJ/mol \qquad (5-10)$$

$$\Delta G^{\ominus}(Al) = -236100 + 37.835T \ J/mol$$

$$3VO + 2Al == 3V + Al_2O_3 \qquad \Delta H_{298}^{\ominus}(Al) = -195.90kJ/mol \qquad (5-11)$$

$$\Delta G^{\ominus}(Al) = -200500 + 36.54T \ J/mol$$

从反应方程式可见：上述反应的 $\Delta G^{\ominus}$ 均为负值，在热力学上都是容易进行的。从反应放热值来说，式（5-8）铝热反应完全可满足反应自发进行要求的热量，称为铝热法。实际上该反应是爆炸性的（在绝热情况下，反应温度可以达到3000℃左右），因此必须人为地控制反应速度。

用三氧化二钒还原的反应（式（5-10））比式（5-8）少耗铝40%。但是在用铝热法冶炼高钒铁时，反应的热量明显不足，无法维持反应自动进行，所以需要补充一部分热量才行，目前是以通电的方式来补充热量，称为电铝热法。当然也可以采用副反应，如式（5-7）等。

铝热法冶炼可制得含钒品位高、杂质少的钒铁合金。

V_2O_5 和 V_2O_3 冶炼反应原理相同，但由于 V_2O_5 冶炼反应热高，能自热进行；V_2O_3 冶炼反应热较低，需要补充热量，一般在电炉内通电加热促进反应进行。

5.2.2.2　硅热法冶炼钒铁的原理

用硅还原钒的氧化物时，由于热量不足，反应进行得很缓慢且不完全，为了加速反应必须外加热源。一般硅热法冶炼钒铁是将 V_2O_5 铸片在炼钢电弧炉内用硅铁冶炼成钒铁。

$$\frac{2}{5}V_2O_5(l) + Si == \frac{4}{5}V + SiO_2 \qquad \Delta G_T^{\ominus}(Si) = -326840 + 46.89T \qquad (5-12)$$

$$V_2O_5 \text{ (1)} + Si =\!=\!= V_2O_3 + SiO_2 \qquad \Delta G_T^\ominus(\text{Si}) = -1150300 + 259.57T \qquad (5\text{-}13)$$

$$2V_2O_3 + 3Si =\!=\!= 4V + 3SiO_2 \qquad \Delta G_T^\ominus(\text{Si}) = -103866.7 + 17.17T \qquad (5\text{-}14)$$

$$2VO + Si =\!=\!= 2V + SiO_2 \qquad \Delta G_T^\ominus(\text{Si}) = -56400 + 15.44T \qquad (5\text{-}15)$$

从反应式可以看出:硅热还原,在高温下用硅还原钒的低价氧化物自由能的变化是正值,说明在酸性介质中用硅还原钒的低价氧化物是不可能的。此外,这些氧化物与二氧化硅进行反应后生成硅酸钒,钒自硅酸钒中再还原就更为困难。因此炉料中配加石灰,其作用是:

(1) 它与二氧化硅反应使 SiO_2 与 CaO 生成稳定的硅酸钙,防止生成硅酸钒。

(2) 降低炉渣的熔点和黏度,改善炉渣的性能,强化了冶炼条件。

(3) 在有氧化钙存在的情况下,提高炉渣的碱度,改善还原的热力学条件,从而使热力反应的可能性更大了。其反应为:

$$\frac{2}{5}V_2O_5 \text{ (1)} + Si + CaO =\!=\!= \frac{4}{5}V + CaO \cdot SiO_2$$

$$\Delta G_T^\ominus(\text{Si}) = -419340 + 49.38T \text{ J/mol} \qquad (5\text{-}16)$$

$$\frac{2}{5}V_2O_5 \text{ (1)} + Si + 2CaO =\!=\!= \frac{4}{5}V + 2CaO \cdot SiO_2$$

$$\Delta G_T^\ominus(\text{Si}) = -445640 + 35.588T \text{ J/mol} \qquad (5\text{-}17)$$

$$\frac{2}{3}V_2O_3 + Si + 2CaO =\!=\!= \frac{4}{3}V + 2CaO \cdot SiO_2$$

$$\Delta G_T^\ominus(\text{Si}) = -341466.67 - 5.43T \text{ J/mol} \qquad (5\text{-}18)$$

还原生成的 V 和 Fe 形成固溶体,即为钒铁。此外,硅还原低价钒氧化物的能力,在高温下不如碳,为了避免增碳,生产中在还原初期是用硅作还原剂,后期用铝作还原剂。

5.2.3　铝热法钒铁冶炼工艺及设备

5.2.3.1　铝热法冶炼钒铁设备

铝热法冶炼钒铁工艺流程如图 5-3 所示。

为完成钒铁冶炼任务,冶炼设备布置如图 5-4 所示,其主要设备如下:

(1) 混料机。可根据情况选择。

(2) 加料系统。回转给料机。

(3) 反应炉。用铸铁或钢制成的圆筒形炉壳,外部用钢夹紧环加固,内衬镁砖砌筑,为了提高镁砖寿命,炉子内壁用磨细的刚玉渣和卤水混合料打结,炉底可铺镁砂,然后烘烤干燥。可将整体炉子安放在可移动的平车上。炉子大小视其产量确定,一般内径为 0.5～1.7m,高 0.6～1.0m。

(4) 反应室。带有抽风烟罩系统的冶炼空间,是铝热法进行冶炼的场所。

(5) 电加热系统。电加热系统为三相电弧炉。某厂钒铁冶炼变压器功率 1250kV·A,电极极心圆直径 $\phi600\text{mm}$,电极直径为 $\phi200\text{mm}$,二次电压为 104V,121V,160V,180V 和 210V 五档。

(6) 收尘系统。一般一级旋风除尘器,二级布袋除尘器。

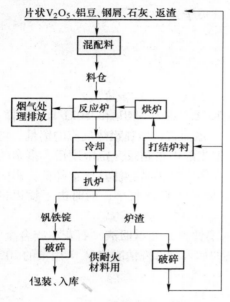

图 5-3 铝热法冶炼钒铁流程

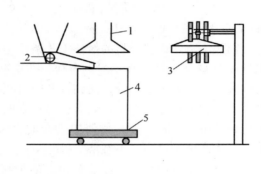

图 5-4 冶炼设备布置图

1—炉顶烟罩；2—加料系统；3—供电系统；

4—炉体；5—炉底小车

5.2.3.2 铝热法冶炼钒铁工艺

A 原料

（1）五氧化二钒。符合《五氧化二钒》（YB/T 5304—2011）的 $V_2O_5$98 牌号。$w(V_2O_5)$ ≥98%，$w(P)$≤0.05%，$w(S)$≤0.03%，片径不大于 55mm × 55mm，厚度不大于 5mm。由于 V_2O_5 中的 $Na_2O + K_2O$ 被铝还原要消耗铝，而还原出的钠成为蒸气逸出时遇空气立即氧化成 $Na_2O + K_2O$，生成白色浓烟，将带走少量钒，故要求 V_2O_5 中 $Na_2O + K_2O$ 含量越低越好。

（2）三氧化二钒。$w(V_2O_3)$≥63%，$w(C)$≤0.05%，$w(P)$≤0.03%，$w(S)$≤0.03%，堆比重不小于 0.8g/cm³。

（3）铝。铝粉要求无油污，$w(Al)$≥99.22%，$w(Fe)$≤0.20%，$w(Si)$≤0.13%，$w(Cu)$≤0.01%，粒度 1 ~ 3mm。铝豆要求 $w(Al)$ > 99.2%，$w(Fe)$ < 0.13%，$w(C)$ < 0.005%，$w(Si)$ < 0.1%，$w(P)$ < 0.05%，$w(S)$ < 0.0016%。粒度为 10 ~ 15mm。

（4）铁粒或铁屑。使用球磨筛上铁粒，要求干燥、无外来污染，含 C 量小于 0.40%，粒度范围 3 ~ 15mm，经磁选后再检验，其中的钒渣等非铁杂质含量不大于 2%。

（5）石灰。$w(CaO)$≥85%，$w(C)$≤0.40%，$w(P)$≤0.03%，$w(S)$≤0.15%，$w(MgO)$≤5%，$w(SiO_2)$≤3.5%，灼减不大于 7%，不得混有生烧或过烧的石灰石和碳质夹杂。

（6）返回渣。即铝热法生产得到的炉渣（刚玉渣），粒度为 5 ~ 10mm。

B 配料

首先按反应 $3V_2O_5 + 10Al = 6V + 5Al_2O_3$ 计算出理论耗铝量：

$$m_{Al} = \frac{m_{V_2O_5} \times w(V_2O_5) \times Al\,原子量 \times 10}{V_2O_5\,分子量 \times 3} \tag{5-19}$$

式中　m_{Al}——理论耗铝量，kg；

　　$m_{V_2O_5}$——V_2O_5 的质量，kg；

$w(V_2O_5)$——V_2O_5 的品位，% 。

铝热法冶炼钒铁配料的最佳工艺条件是单位炉料反应热为 3140 ~ 3350kJ/kg 炉料。配铝量按 V_2O_5 反应所需理论量的 100% ~ 102% 配入。一般而言，增加铝热反应的铝量，可使反应进行得很完全、充分，达到较高的钒回收率。但当配铝量超过一定限度后，多余的铝将进入合金中，达不到质量要求；另一方面，由于合金中含铝高，使其比重降低，影响合金在炉渣中的沉降速度，使渣中夹杂的合金增多，降低了钒回收率；同时由于耗铝量增加，使生产成本增高，不经济。

铝热反应发热量超过需要数值，故炉料中加入惰性料，如返回渣、石灰、碎合金等，以降低炉料发热量，保证反应平稳进行。惰性物料的加入量可视情况按 V_2O_5 用量的 20% ~ 40% 配入。

$$m_{FeV} = m_V P_{收}/w(V) \tag{5-20}$$

$$m_{钢屑} = m_{FeV}[1 - w(V) - w_{杂}] \tag{5-21}$$

式中　m_{FeV}——钒铁的产量，kg；

　　m_V——投入的金属钒的质量，kg；

　　$P_{收}$——钒回收率，% ；

　$w(V)$——合金钒含量，% ；

　　$w_{杂}$——合金杂质含量，% ；

　$m_{钢屑}$——钢屑的加入量，kg。

由于铝热反应后即成为自发反应，反应时间短，难以控制，因而配料工序质量的好坏直接影响到钒铁产品质量，故要求配料务必准确（计算与称量），混料均匀，以免造成炉料偏析。

生产钒铁的各类原料都要彻底干燥，以避免冶炼时发生喷溅。

C　冶炼操作

钒铁冶炼是在筒式炉内进行的。冶炼炉准备过程分砌炉、打结和烘炉三道工序。钒铁冶炼炉的炉衬分永久层和临时层。永久层是用镁砖和高铝砖分三段砌筑的，临时层是用返回渣打结的。耐急冷急热性较差，拆炉时，砖很容易损坏，良好的炉衬打结质量是防止漏炉的关键，打结强度适中，以免拆炉困难，同时炉体底部打结层要比上半部厚一些。另外，打结材料中不得混入其他低熔点的杂物；炉身和炉底的接缝处必须塞紧。

开始冶炼前，应该做好下面几方面的准备工作：

（1）回收炉沿和炉盖上的含钒粉尘和富渣。

（2）清理干净电极和把持器上的粉尘。

（3）检查旋风除尘器与布袋除尘器是否完好。

（4）检查炉体是否符合冶炼要求。

（5）检查冶炼平车是否符合冶炼要求。

（6）检查喷吹系统，包括各管路是否畅通，喷枪枪头是否符合喷吹要求；是否处于良好状态，各方面是否具备喷吹作业条件。

冶炼钒铁时，先将冶炼炉吊放到平车上，采用下部点火时在炉筒底部装入少量炉料，布好底料，表面放一些混合好的 V_2O_5 粉末和铝粉，再放一些点火剂，点火剂有 BaO_2、氯酸钾或镁屑等。再将平车送入冶炼室内。用点火剂点火后，依据反应情况逐渐从上部加入全部炉料，加料速度要合适，加料速度过快，炉料反应速度快，炉温升高，喷溅严重，使钒和铝损失增加；加料速度过慢，反应进行慢，冶炼温度低，会使炉渣过早黏结，渣铁分离不完全，合金凝聚不好，钒回收率随之下降。经验表明，加料速度控制在 $160 \sim 200 kg/(m^2 \cdot min)$ 较合适。

采用上部点火时，先将炉料全部加入炉内，再点火，这种方法由于反应激烈，热量集中，炉料喷溅严重，因此一般采用下部点火法。

冶炼拆炉后，先将合金锭进行水淬冷却处理，然后进行合金表面精整，再进行砸铁、破碎、筛分、包装，最后入库。

炉渣吊运到破碎系统，经处理后，一部分作为配料返回渣，一部分用来打结炉衬，余下的炉渣卖给耐火材料厂。

D 技术经济指标

（1）产量：视炉子容积大小在 $500 \sim 1000 kg$ 之间，但不超过 $2000 kg$。

（2）产品质量：一般可得到含钒 $75\% \sim 82\%$ 的产品。其他成分（%）为 $1.0 \sim 1.5 Si$，$1.0 \sim 2.0 Al$，$0.15 \sim 0.2 C$，$\leqslant 0.05 S$，$\leqslant 0.025 P$。

（3）钒回收率：一般 $85\% \sim 90\%$，最高可达到 95%。

E 提高铝热法钒回收率的措施

由于铝热法反应激烈，炉渣中将夹杂有一些金属珠，炉渣中含有较高的钒。为提高钒收率，一般采用如下的两种方法。

（1）加发热沉降剂法。在铝热反应结束后，立即往炉渣表面加入由三氧化二铁和铝粒组成的发热沉降剂，有两个目的：

1）由于沉降剂的放热反应而使炉渣继续保持熔融状态，有利于炉渣与钒铁的分离，使合金继续下降；

2）由于沉降剂反应产生的铁铝合金穿过渣层下降时，继续还原渣中尚未还原的钒氧化物和吸附悬浮在炉渣中的合金微粒而提高了钒的收率。通常采用这种方法可提高收率 2% 以上。

加入沉降剂的方法可人工加入或用机械方法（如喷枪喷入）。需要指出，在计算配料时要考虑到这部分增加的铁量，避免合金中的铁过高而降低钒的品位。

（2）电热法。铝热反应完毕后，立即将平车送到电加热器位置，通电加热炉渣，保持炉渣的熔融状态，使合金继续下降，从而提高钒收率。

电加热可用电弧炉电极加热，此方法的设备布置示意图如图 5-4 所示。

【技能训练 5.1】 铝热法冶炼钒铁常见事故

A 钒铁合金钒超标

原因可能是：（1）铁粒配加量不准；（2）铝粉配加量不足；（3）钒氧化物 TV 化验结

果不准；（4）冶炼炉况不好，炉料反应不充分。

B　钒铁合金铝超标

原因可能是：（1）配铝量过多；（2）钒氧化物 TV 化验结果比实际值明显偏低；（3）冶炼炉况不好，炉料反应不充分。

C　钒铁合金碳超标

原因可能是：（1）炉料中碳含量偏高；（2）通电过程中，断电极或电极接头掉入熔池中；（3）电极插入熔池中与合金直接接触过久。

D　钒铁钒冶炼回收率不高

原因可能是：（1）钒氧化物 TV 化验结果不准，影响配料计算；（2）铝粉配加量不足；（3）冶炼炉况不好，炉料反应不充分；（4）残合金、含钒富渣与粉尘未回收干净。

E　钒铁饼夹渣及粘渣

原因可能是：（1）冶炼出炉温度偏低；（2）渣态不好；（3）锭模打结质量差；（4）锭模未完全烘干。（主要查找与本工序有关的问题，提出相应的措施）

F　冶炼加料不畅

原因可能是：（1）振动给料机运转异常；（2）下料溜槽堵塞；（3）炉料粒度超标；（4）原料 V_2O_3 堆比重偏低。

G　冶炼粉尘严重

原因可能是：（1）除尘设备运行不正常；（2）原料 V_2O_3 堆比重偏低。

H　漏炉事故

原因可能是：（1）补炉未达到工艺要求；（2）熔池温度过高；（3）冶炼时间过长；（4）搅拌熔池损伤炉衬。

铝热法冶炼钒铁直观表述如图 5-5 所示。

片状 V_2O_5　　　铝热还原法　　　钒铁

反应炉

图 5-5　铝热法冶炼钒铁直观表述图

5.2.4   电铝热法钒铁冶炼工艺及设备

电铝热法钒铁冶炼原料以 V_2O_3 为主，与一般炉外法用五氧化二钒冶炼钒铁不同的是由于三氧化二钒与铝反应的热量不足以维持反应的自动进行，必须从外部添加热源，才能使该反应进行下去。V_2O_3 与 V_2O_5 冶炼工艺完全不同，整个冶炼过程都需要外界供电来补充热量，必须边通电边加料，因此采用倾翻炉（电弧炉）铝热两步法冶炼-产品浇铸的工艺，电炉在工艺中起主导作用，实现了冶炼过程的可控性，使产品质量易于控制。使用电炉的目的有三：一是为了补充用 V_2O_3 冶炼时的热量不足；二是为了提高钒的回收率；三是使炉内的温度达到使炉渣能排出且使铁水能浇铸到锭模的要求。

电铝热法 V_2O_3 冶炼钒铁与 V_2O_5 铝热法冶炼钒铁比较主要有以下特点：

（1）节约铝 40%。V_2O_3 比 V_2O_5 少两个氧原子，还原反应需要较少的铝，理论上，使用 V_2O_3 比 V_2O_5 冶炼钒铁可节约 40% 的铝，使成本有较大的降低，这也是 V_2O_3 冶炼钒铁的最大优势。

（2）在电弧炉中冶炼，与五氧化二钒冶炼钒铁不同的是由于三氧化二钒与铝反应的热量不足，不能自动进行，因此冶炼设备是在电弧炉中冶炼的。

5.2.4.1   电铝热法冶炼钒铁设备

V_2O_3 冶炼钒铁工艺流程如图 5-6 所示，冶炼设备布置如图 5-7 所示。

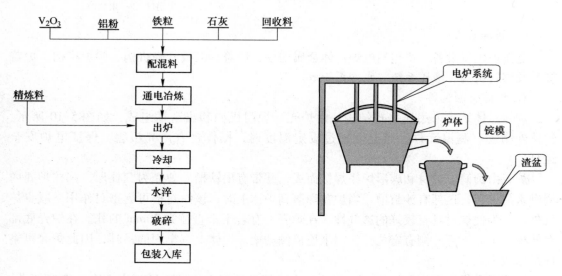

图 5-6 V_2O_3 冶炼钒铁工艺流程图   图 5-7   冶炼设备布置图

电铝热法冶炼钒铁主要是在倾翻炉中进行的，其结构与炼钢电弧炉相似，其设备组成主要包括机械设备、炉体和电气设备，如图 5-8 所示。

A   电炉炉体

炉体是电弧炉的最主要装置，它用来熔化炉料和进行各种冶金反应。电弧炉的炉体由金属构件和耐火材料砌筑成的炉衬组成，如图 5-9 所示。

图 5-8　倾翻炉设备示意图

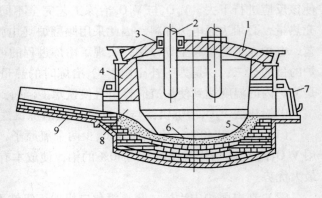

图 5-9　电弧炉炉体结构图

1—炉盖；2—电极；3—水冷圈；4—炉墙；5—炉坡；6—炉底；
7—炉门；8—出钢口；9—出铁槽

B　机械设备

电弧炉机械设备主要包括电炉炉体金属构件、炉盖、电极升降机构、倾炉机构、炉盖提升及旋转机构、液压系统、水冷系统等。

a　炉体金属构件

炉体总体结构采用连体式结构，由炉壳、炉门机构和出铁槽组成，如图 5-10 所示。炉体外侧装有测温元件，当温度超过设定温度时，操作台有声光报警，保证电炉安全运行。

炉壳由圆筒形炉身和碟形炉底焊接而成，并带有出铁槽。炉壳为圆柱形，圆柱炉壳内周砌筑耐火砖，顶部有沙封槽，当炉盖降落到炉体上时，该沙封槽可起密封作用，减少炉气外溢。为使炉衬具有较好的透气性，在炉壳上有若干个直径为 20mm 的孔。在炉壳底部有筋板，炉壳下部外侧有定位孔，用来连接倾动架。炉体上有牢固的吊耳，因此炉壳可整体吊出或吊入。

炉门提升机构采用手动提升，在炉门水冷箱的导轨上运动。炉门中心有一个窥视孔，以便观察炉内的冶炼情况。出铁槽由两节组成，其与炉体之间采用螺栓连接，便于更换。

b　炉盖

炉盖结构采用管式水冷，有两个出水温度监测。炉盖由大炉盖和三电极孔盖（小炉盖）构成。大炉盖为整体式结构，炉盖上配带若干个（某厂 6300kV·A 倾翻炉，炉盖上有 3 个）受料溜管；三电极孔盖由水冷管及耐火材料浇注件构成；炉盖中心为整体打结料耐火盖。

c　炉盖提升及旋转机构

炉盖提升及旋转机构包括炉盖旋转吊架、炉盖提升缸、提升链条及同步轴机构、操作水冷平台、炉盖旋转机构及锁定机构等。炉盖吊架的支臂为水冷结构。炉盖提升机构传动方式有电动和液压传动两种。某厂 6300kV·A 倾翻炉炉盖提升机构由两个液压缸组成，可使炉盖垂直提升而不产生水平位移，炉盖上面设有四个吊耳，与提升链条相连。炉盖旋转与炉盖提升设有连锁，并配有限位锁定机构。提升、旋转和倾炉相互间有联锁。

炉盖提升机构在设计和制作时需满足以下条件：

（1）保证炉盖同步升降及速度可调；

（2）保证炉盖提升机构远离高温及强磁场区域；

（3）保证炉盖升降平稳，避免炉盖升降时产生摆动。

某厂 6300kV·A 倾翻炉炉盖旋转架采用 Q235-A 钢板焊成，其上有工作平台，以便操作人员在其上更换电极及进行设备维护。三套电极升降立柱安

图 5-10　电弧炉外观示意图

装在旋转架上，旋转架有足够的热态强度和刚度，以满足横臂、电极、水冷电缆等负载的要求。旋转架通过回转轴承和倾动机构相连，旋转油缸设在倾动平台下面，一端和倾动平台连接，另一端和旋转架连接。弯梁下面和两侧面带水冷。

d　倾炉机构

倾炉机构包括倾动平台（采用 24 厚的钢板焊接而成）、摇架、轨道、倾动液压缸、倾炉锁定机构与炉盖旋转轨道及旋开支撑等，如图 5-11 所示。倾动摇架及水平轨道采用钢板焊成。倾炉锁定之后，不得前倾炉。旋开支撑锁定时，不得后倾炉。旋开支撑未锁时，不得旋开炉盖。某厂出铁最大倾角为 45°，出渣最大倾角为 20°。

e　电极升降装置

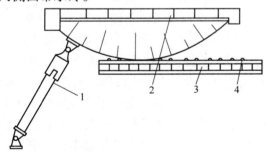

图 5-11　液压倾动机构示意图
1—油缸；2—摇架；3—底座；4—导钉

电极升降机构包括电极横臂和电极立柱装置两大部分。某厂 6300kV·A 倾翻炉电极升降机构包括升降立柱、升降液压缸、立柱升降导向轮装置、导电横臂、电极夹头、夹紧蝶簧与放松液压缸等部分。升降液压缸置于立柱内，驱动电极升降装置上下移动。导电横臂采用铜-钢复合板焊接成水冷箱型结构。电极抱箍为不锈钢钢板焊接成水冷结构三个抱箍块，分别用两套螺栓固定。导电夹头用 T_2 铜，采用法兰方式固定。夹紧电极靠体积小、弹力大的蝶形弹簧，放松电极由液压缸压缩蝶簧实现。导向轮装置可四面调节，导电横臂

与电极抱闸间为串联水冷。

　　C　电气设备

　　电弧炉电气设备包括高压供电系统及二次回路、电炉变压器、大电流线路、低压供电系统、电极自动调节器及计算机自动显示系统。工控机（基础级）上留有扩展接口可与工厂上位电脑组成局域网系统，车间办公室电脑（过程级）上可显示监视画面。供电系统示意图如图 5-12 所示。

　　电弧炉电气设备的控制方式有自动、半自动、手动控制方式。在自动控制时，控制系统按照自己固定程序，自动计算，修正控制参数变量，控制单体设备完成闭环控制。在半自动控制时，人工启动单体设备，设备启动后，人工通过键盘或控制按钮的输入，修正控制参数变量，使单体设备按照所设定的参数进行联锁控制，完成单体设备的半自动控制过程。手动控制运行方式主要用于设备调试（现场）和设备出现故障时应急维修后的检查等。

　　（1）高压供电系统。高压供电系统由隔离开关及电压互感器、高压真空断路器、电流互感器、氧化锌避雷器等组成。隔离开关也称进户开关、空气断路开关，其作用主要用于电炉设备检修时断开高压电源，

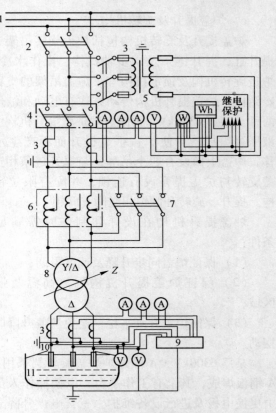

图 5-12　倾翻炉钒铁冶炼供电系统示意图
1—高压电缆；2—隔离开关；3—测量用电流、
电压互感器；4—高压开关；5—检测仪表；
6—塞流线圈；7—塞流线圈的分流开关；
8—炉用变压器；9—自动调节装置；
10—短网；11—炉体

有时也用来进行切换操作。高压真空断路器是使高压电路在负载下接通或断开，并作为保护开关在电气设备上发生故障时自动切断高压电路。

　　（2）电炉变压器。变压器是倾翻炉的主要电气设备，作用是降低输入电压，产生很大电流供给电弧炉。变压器容量大小决定了炉子的生产能力。

　　（3）短网。短网是指变压器副边（低压侧）的引出线至电极这一段线路。传导低压大电流的导体，导体横截面积很大，通过的电流很大。

　　（4）低压电气设备。低压电控系统由低压动力柜、PLC 控制柜、主操作台、炉前操作台、炉后操作箱、液压操作箱、检测仪表和传感器、限位开关等设备组成。

5.2.4.2　电铝热法冶炼钒铁工艺

　　A　主要原材料

　　（1）V_2O_5 质量应满足《五氧化二钒》（YB/T 5304—2011）的要求。V_2O_5 技术指标见表 5-17。

表 5-17　V_2O_5 技术指标（YB/T 5304—2011）

适用范围	牌号	化学成分/%								物理状态
		V_2O_5	Si	Fe	P	S	As	$Na_2O + K_2O$	V_2O_4	
		≥	≤							
冶金	V_2O_5 99	99.0	0.20	0.20	0.03	0.01	0.01	1.0	—	片状
	$V_2O_5$98	98.0	0.25	0.30	0.05	0.03	0.02	1.5	—	片状
	$V_2O_5$97	97.0	0.25	0.30	0.05	0.01	0.02	1.0	2.5	粉状

注：V_2O_5 由全钒含量换算而成。

（2）V_2O_3 质量应满足三氧化二钒的技术指标。V_2O_3 技术指标见表 5-18。

表 5-18　V_2O_3 技术指标

牌　号	化学成分/%				物性特征	适用范围
	TV	P	S	C		
V_2O_3-A	≥64.0	≤0.03	≤0.05	≤0.03	黑色自然粉末	冶金

（3）铁屑为钒渣处理过程中的球磨铁粉，要求其粒度小于 25mm，钒渣等非铁杂质含量小于 5%。

（4）铝粒质量要求 $w(Al) \geqslant 99.22\%$，$w(Si) \leqslant 0.13\%$，$w(Cu) \leqslant 0.01\%$，粒度为 1~3mm。

（5）活性石灰质量应满足 $w(CaO) \geqslant 85\%$，$w(P) \leqslant 0.03\%$，$w(S) \leqslant 0.15\%$，灼减不大于 7%。

B　配料

配料计算方法与铝热法冶炼钒铁基本相同。

（1）配、混料前准备。检查称量装置是否准确；检查除尘系统是否运行良好；检查配料系统运行是否良好；检查混料机运行是否良好。

（2）混配料要求。配料所用料罐必须密封良好，不得漏料；配混料操作必须严格按配料参数进行。

（3）氧化钒来料后进行罐号识别，重量误差小于等于 5kg 的氧化钒进入配料工序，按配料表对各种原辅材料进行复查，设定各仓位的配入量；将非料仓盛装的辅料按配料表要求称量好；启动配料程序按配料参数要求准确配入各种原材料；对配好的料罐进行罐号识别，重量误差小于等于 20kg 的料罐方可进入混料工序。

C　冶炼操作

图 5-13 所示为电铝热法冶炼操作工艺图。现以 FeV50 为例来介绍电炉热法冶炼钒铁的冶炼操作。

（1）冶炼前的准备。炉料确认到位；检查冷却水系统是否运行良好；检查除尘系统是否运行良好；检查电炉系统是否运行良好；检查工器具、设施是否良好。

（2）开炉操作。将炉体锁定到水平位置，清理出渣、出铁口，堵好炉眼，开始加料；将配好的炉料按要求加入，通电引弧，快速将底料熔化，形成熔池。

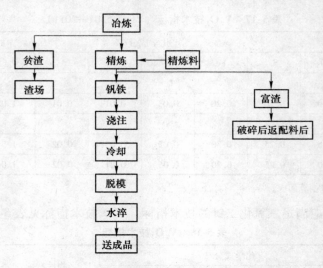

图 5-13　电铝热法钒铁冶炼操作工艺图

（3）第一期操作。按要求加入第一期炉料；第一期炉料化清后适当升温，调整炉渣，使之具有较好的流动性；待全部炉料化清，反应 15min 后，取渣样化验，渣中 $w(TV) \leqslant$ 1.5% 时，即可倾翻炉体倒出贫渣，出渣后期要缓慢。

（4）第二期操作。第一期贫渣出完后，加入第二期炉料，根据炉况控制加料速度和二次电流；第二期加料方式与第一期加料方式相同，加完炉料后适当升温，使渣和铁水具有良好的流动性；待全部炉料化清，反应 15min 后，取渣样化验，渣中 $w(TV) \leqslant 1.5\%$ 时，即可倾翻炉体倒出贫渣，出渣操作后期要缓慢，出完渣就进入精炼期。

（5）第三期操作（精炼期）。在第二期贫渣出完后，根据合金 Al 含量投入精炼料；炉料全部化清，反应正常时，取合金样分析；第三期合金成分为 $w(TV) = 48\% \sim 54\%$，$w(Al) \leqslant 2.0\%$，合金成分符合要求时出铁；如合金成分不合格时，需进行成分调整，合金成分符合要求后出铁。

（6）出铁作业。当铁水成分合格后，操作开眼机捅开出铁口，倾翻炉体出铁至铁水包。出铁结束后，将炉体回位。运出铁水包至浇铸坑。稳定铁水包使之不晃动，缓慢浇注至母模内，合金液经母模溢流至子模内。铁水包位置要随着浇注量随时变化，确保铁水浇入母模内。

（7）脱模水淬。FeV50 锭模冷却 12h（20h）方可进行脱模作业。将钒铁饼和富渣饼一起取出，然后进行渣铁分离。将渣铁分离后的钒铁饼放入水淬池进行水淬。待水淬完毕的钒铁饼冷却后，将其表面及边缘清理干净，标注炉号，称重然后送成品工序。脱模及清扫过程所产生的含钒富集料都必须回收。

（8）补炉作业。电炉补炉采用热补为主、冷补为辅的补炉方式。手持喷枪对准喷补位置后，开启"开始"按钮后进行喷补，喷补料的稠度操作者可以利用枪头的进水阀门调节，喷补时不能一次喷补太厚，而是要少量多次喷补。要从下部到上部移动喷嘴，喷补结束时，将按钮打到停止位置即可。

D　成品处理

工艺流程如图 5-14 所示。某厂技术要求如下：

（1）要求将钒铁饼砸至块度不大于 200mm×200mm。

（2）成品粒度控制在 10~50mm（可根据用户要求做适当调整，粒度小于 10mm 的称为细粉）。

（3）钒铁用钢桶或吨袋包装，FeV50 净重每桶 100kg 或每袋 1000kg（可根据用户要求做适当调整）。

（4）包装产品中，小于 10mm×10mm 和大于 50mm×50mm 部分分别不超过该批总重的 3% 和 7%。

（5）产品化学成分应满足 FeV50 技术要求的规定，见表 5-19。

图 5-14 成品加工处理工艺流程图

表 5-19 FeV50 技术指标

牌　号	化学成分（质量分数）/%						
	V	C	Si	P	S	Al	Mn
		≤					
FeV50-A	48.0~55.0	0.40	2.0	0.06	0.04	1.5	—
FeV50-B	48.0~55.0	0.60	2.5	0.10	0.05	2.0	—
FeV50-Z	48.0~55.0	0.60	2.5	0.10	0.10	4.0	—

5.2.5 硅热法钒铁冶炼工艺及设备

硅热法冶炼钒铁技术是很成熟的技术，冶炼都在电弧炉内进行，分还原期和精炼期。

还原期又分为二期冶炼法和三期冶炼法，用过量的硅铁还原上炉的精炼渣至炉渣中含 V_2O_5 低于 0.35%，从炉内排出废渣开始精炼，再加入五氧化二钒和石灰等混合料精炼。当合金中 Si 量小于 2% 时出炉，排出的精炼渣含 V_2O_5 10%~15%，返回下炉使用。

目前国内普遍采用的三期冶炼钒铁的工艺流程如图 5-15 所示。

5.2.5.1 硅热法钒铁冶炼设备

硅热还原法生产钒铁，在炼钢型电炉里进行熔炼，电压为 150~250V，电流为 4000~4500A。炉盖、炉底和炉壁用镁砖砌筑。使用石墨电极操作，电极直径 200~250mm。现以某厂设备为例。

（1）变压器参数。规格：HSK_7-3000/10。

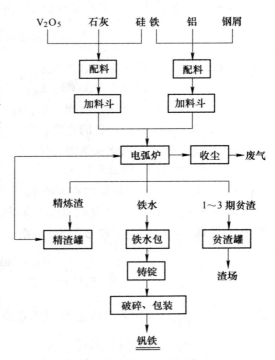

图 5-15 硅热法冶炼钒铁工艺流程

容量：2500kV·A。一次电压：10000V。二次电压：121，92/210，160V。额定电流：6870A。

（2）电炉参数。

规格：3t 电弧炉。电极直径：ϕ250mm。炉壳体：内径 ϕ2900mm×1835mm。极心圆：ϕ760mm。电极行程：1300mm。

（3）电极。石墨电极，满足《高功率石墨电极》（YB/T 4089—2000），ϕ250mm。

5.2.5.2　硅热法钒铁冶炼工艺

A　原料

硅热法所用原料如下：

（1）V_2O_5。厚度不超过 5mm，块度不大于 200mm。

（2）硅铁。通常用 75% 硅铁，块度 20~30mm。

（3）石灰。应煅烧良好，有效 $w(CaO)>85\%$，$w(P)<0.015\%$，块度 30~50mm。

（4）铝块。30~40mm 块度。

（5）废钢。用废碳素钢或从钒渣中磁选出的废钢应清洁、少锈，也可用废钢屑或其他优质钢铁料，但要求这些材料 $w(C)\leqslant 0.5\%$，$w(P)\leqslant 0.035\%$。

B　配混料

a　以冶炼 1t 钒铁为例配比计算：

（1）五氧化二钒配入量。

$$m_1 = 1 \cdot w(V) \cdot \frac{182}{102} \tag{5-22}$$

考虑实际五氧化二钒配入量 m 比理论量过剩 7% 左右。

$$m = \frac{m_1 \times 107\%}{w(V_2O_5)P} \tag{5-23}$$

式中　182/102——V_2O_5 中的含 V 比；

　　　m_1——理论需 V_2O_5 量，kg；

　　　m——五氧化二钒配入量，kg；

　　　$w(V)$——钒铁中钒的含量，%；

　　$w(V_2O_5)$——五氧化二钒的品位，%；

　　　P——钒回收率，%。

（2）硅铁需要量。还原中有 80% 的五氧化二钒用硅铁还原，20% 用铝还原，由于烧损，需要 Si 过剩 10%，Al 过剩 30%，石灰过剩 10%。按反应 $2V_2O_5 + 5Si = 4V + 5SiO_2$ 计算出还原 1kg V_2O_5 理论需硅 0.385kg，则

$$W_2 = m_2 = \frac{m_1 \times 80\% \times \frac{5\times 28}{2\times 182}}{w(Si)} \times 110\% \tag{5-24}$$

式中　$\dfrac{5\times 28}{2\times 182}$——所需的理论 Si 量的系数；

　　　m_2——硅铁配入量，kg；

　　$w(Si)$——硅铁中硅的含量，%。

（3）铝块配入量。按反应 $3V_2O_5 + 10Al = 6V + 5Al_2O_3$ 计算出还原 1kg V_2O_5 理论需铝 0.5kg，则

$$m_3 = \frac{m_1 \times 20\% \times \frac{10 \times 27}{3 \times 182}}{w(Al)} \times 130\% \qquad (5-25)$$

式中　m_3——铝块配入量，kg；

　　$w(Al)$——铝块中铝的含量，%。

（4）钢屑配入量。

$$m_4 = 1 \times (1 - w(V) - w_{杂}) - m_{Si-Fe} \qquad (5-26)$$

$$m_{Si-Fe} = m_2(1 - w(Si)) \qquad (5-27)$$

式中　m_4——需钢屑量，kg；

　　$w(V)$——钒铁中钒的含量，%；

　　$w_{杂}$——钒铁中杂质的含量，%；

　　m_{Si-Fe}——硅铁带入铁量，kg。

（5）石灰配入量。

$$m_5 = \frac{m_2 w(Si) \times \frac{62}{28} \times R}{w(CaO)} \times 110\% \qquad (5-28)$$

式中　m_5——石灰配入量，kg；

　　　R——碱度；

　$w(CaO)$——石灰中 CaO 的纯度，%。

b　炉料分配

电硅热法冶炼钒铁有还原和精炼两个过程。还原过程可分为两个阶段（三期冶炼法）和三个阶段（四期冶炼法）。三期和四期冶炼各阶段炉料分配见表 5-20 和表 5-21。

表 5-20　三期冶炼各期炉料分配　　　　　　　　　（%）

炉　料	1 还原期	2 还原期	3 精炼期
V_2O_5	15 ~ 18	50 ~ 47	35
硅铁	75	25	0
铝块	35	65	0
石灰	20 ~ 25	50	30 ~ 25
钢屑	100	0	0

表 5-21　四期冶炼各期炉料分配　　　　　　　　　（%）

炉　料	1 还原期	2 还原期	3 还原期	4 精炼期
V_2O_5	20 ~ 22	26 ~ 28	24 ~ 27	26 ~ 27
硅铁	54 ~ 58	21 ~ 26	19 ~ 22	0
铝块	24 ~ 28	30 ~ 35	39 ~ 44	0
石灰	16 ~ 18	30 ~ 32	29 ~ 31	0
钢屑	100	0	0	0

C　冶炼操作

a　第一期冶炼

（1）上一炉出完炉后，炉顶倾回，迅速扒出炉渣和炉坡残存渣，用混合好的、有足够黏度的镁砂（卤水:镁砖粉:镁砂 = 1:3:5），针对炉衬损伤情况高温快补，不漏一铲，且堵好出铁口。

（2）补完炉后炉底要垫上一定数量的精炼渣。

（3）钢屑加入后，根据电极烧损情况落放或拆换电极，检查各系统正常后给电。此时用大电压、小电流，并且立即倒入上一炉以液态存在的精炼渣。

（4）返完精炼渣后，加一期混合料。根据电弧稳定情况增大电流至最大值。一期混合料下完后，尽量将炉料推至三相电极中心区域。

（5）当炉料熔化到一定程度，可开始分批加入硅铁还原，同时调整炉渣碱度。硅铁还原较充分后，碱度合适时加铝块还原，还原反应激烈，火焰较大时停电。当炉渣中 $w(V_2O_5) \leqslant$ 0.35% 时，可倒出贫渣，倒渣过程要用低电压、小电流。倒渣后期要慢，且用拉杆检查，防止铁水倒出。贫渣倒完后用铁棍蘸取渣样送化验分析五氧化二钒含量。

b　第二期冶炼

（1）一期贫渣倒完后，用大电压给电加料，随着二期混合料的加入，电流逐渐给至最大值。

（2）炉料基本熔化后开始加入硅铁还原，同时调整炉渣碱度，继续加硅铁还原，而后加铝贫化炉渣。出渣与一期相同。

c　第三期冶炼

与二期给电加料相同，炉料化清后，用木耙搅拌，取金属样送化验分析 V，Si，C，P，S。取样位置在三相电极中间。取样前，样勺要清洁、烤干、沾渣，然后调整炉渣碱度，加硅铁还原，加铝贫化，出渣与一期相同。

d　精炼期冶炼

（1）与二期给电加料相同。精炼期料量根据三期合金成分调整，先用大电压，大电流熔化炉料，炉料化渣后调整炉渣碱度。

（2）炉渣碱度合适时，根据电弧长短及时改用小电压，大电流升温。当炉渣与合金具有合适的温度和流动性时，用铁耙、木耙搅拌，取合金样送化验分析 V，Si，C，P，S 成分，正常出炉。

（3）出炉时先用小电压、小电流，从出渣口倒出精炼渣，并打开出铁口后，停电出铁。

D　浇铸

（1）铁水包连续使用时要保持干燥，无积渣，各部分机械要灵活好用，包底垫河砂适量（约 60kg），锭模底垫钒铁粉 100 ~ 150kg，上下模间用石棉绳垫好。

（2）浇铸时对包要迅速、准确，以免跑漏，浇铸速度要根据铁水温度和排气情况适当控制，每锭浇铸量要适当，一般铁水面离锭模浇铸口上面 100mm 为宜，渣铁要分离，不得将渣铸入锭模。

（3）锭模浇铸后 80min 要脱模，铁锭立即放入水冷池冷却 30 ~ 40min，水冷池水量一般占池容的 2/3。放入铁锭后再注满水，取出铁锭干燥后送精整包装。

E　冶炼过程中的几个问题的处理

（1）合金含钒不正常。合金含钒不正常由配料不准造成。

1）含钒量低。

$$m_6 = \frac{w(\mathrm{Si})' m_{合金} \times \frac{182}{102}}{w(\mathrm{V_2O_5})} \tag{5-29}$$

式中　m_6——补加五氧化二钒的量，kg；

$w(\mathrm{Si})'$——应降低硅的量，%；

$m_{合金}$——炉中合金量，kg；

$w(\mathrm{V_2O_5})$——五氧化二钒品位，%。

2）含钒量高。

$$m_7 = \frac{w(\mathrm{V})' m_{合金}}{w_{合金\text{-}V}} \tag{5-30}$$

式中　m_7——补加钢屑量，kg；

$w(\mathrm{V})'$——应降低钒的量，%；

$m_{合金}$——炉中合金量，kg；

$w_{合金\text{-}V}$——降低后合金含钒量，%。

（2）合金含硅不正常。合金含硅不正常由配料不准及反应不正常造成。

1）硅低。

$$m_8 = \frac{w(\mathrm{Si})'' m_{合金}}{w(\mathrm{Si}) w_{合金\text{-}Si}} \tag{5-31}$$

式中　m_8——补加硅铁量，kg；

$w(\mathrm{Si})''$——应增加硅的量，%；

$w(\mathrm{Si})$——硅铁中硅的含量，%；

$w_{合金\text{-}Si}$——增加后合金含硅量，%。

2）硅高。

$$m_9 = \frac{w(\mathrm{Si})' m_{合金} \times \frac{364}{140}}{w(\mathrm{V_2O_5})} \tag{5-32}$$

$$m_{10} = \frac{w(\mathrm{Si})' m_{合金} \times \frac{60}{28}}{w(\mathrm{CaO})} \tag{5-33}$$

式中　m_9——补加五氧化二钒的量，kg；

m_{10}——补加石灰的量，kg；

$w(\mathrm{CaO})$——石灰含 CaO 的质量分数，%。

（3）合金含碳、磷高。合金含碳、磷高由原料含碳、磷高造成，可用钢屑冲淡，同时要控制合金含钒量。

$$m_{11} = \frac{w(\mathrm{C})' m_{合金}}{w_{合金\text{-}C} - w_{钢屑\text{-}C}} \tag{5-34}$$

式中　m_{11} ——补加钢屑的量，kg；

　　　$w(C)'$ ——应降低碳的量，%；

　　　$w_{合金-C}$ ——降低后合金含碳量，%；

　　　$w_{钢屑-C}$ ——钢屑中的碳含量，%。

　　（4）炉衬的维护。冶炼过程中渣铁对炉衬有侵蚀作用，为了提高炉衬使用寿命，每次出炉后要尽快扒掉残留在炉壁上的精炼渣，同时要在高温下用具有一定黏度的补炉剂补炉。补炉后炉底要垫一层炉渣保护炉底，防止给电时将炉底烧穿。在搅拌和耙料时，要避免木耙或铁耙接触炉底，因木耙产生的气体会使变软的炉底泛起。一、二、三期冶炼操作时的温度不要提得过高，保持炉衬硬度，避免炉底烧软化。正常情况下，一个炉体可炼 70 炉以上。

　　（5）跑渣。跑渣是在冶炼过程中，炉渣沸腾，上涨，以致从炉门冲出的现象，很易造成人身和设备事故。产生原因是由于还原时还原剂投入过快，还原反应激烈；炉内反应不平衡，局部反应过于集中；五氧化二钒中 S 含量高，石灰消化等。因此针对上述问题，采取加强物料管理、注意加料速度、控制好电流等措施，可以避免跑渣现象的出现。

　　F　技术经济指标

　　（1）贫渣含钒：$w(V_2O_5) \leqslant 0.35\%$。

　　（2）冶炼时间：80min/t。

　　（3）单耗：冶炼 1tFeV40 的单耗见表 5-22。

表 5-22　冶炼 1tFeV40 的单耗

V_2O_5 (100%) /kg	FeSi75 /kg	铝锭 /kg	钢屑 /kg	电极 /kg	镁砖 /kg	镁砂 /kg	石灰 /kg	水/kg	压缩空气 /m³	综合电耗 /kW·h	冶炼电耗 /kW·h
735.6	340	130	250	28	130	130	1540	80	500	1600	1520

　　硅热法制得的钒铁含钒品位一般 35%~55%。钒的冶炼回收率很高，可达 98% 以上，由于采用价格比铝低很多的硅铁作还原剂，每吨含 V40% 的钒铁耗电 1600 ~ 1700kW·h，冶炼成本较低。但难以冶炼含 V 大于 80% 的钒铁，产品含碳量一般难以降到 0.2%~0.3% 以下。

　　硅铁法冶炼钒铁的直观表述如图 5-16 所示。

【知识拓展 5.1】 钒渣直接冶炼钒铁

　　A　基本原理

　　钒渣直接冶炼钒铁的方法分两步进行，首先将钒渣中的铁（氧化铁）采用选择性还原的方法在电弧炉内用碳、硅铁或硅钙合金将钒渣中的铁还原，使大部分铁从钒渣中分离出去，而钒仍留在钒渣中，这样得到了 V/Fe 比高的预还原钒渣。第二阶段是在电弧炉内，将脱铁后的预还原钒渣用碳、硅或铝还原，得到钒铁合金。

　　B　主要方法

　　钒渣直接炼钒铁的国内外的方法很多，列举一些实例介绍如下。

　　俄罗斯的 M. A. Рысс 介绍了用碳还原钒渣的方法，1290 ~ 1390℃预还原，将 86% 的氧

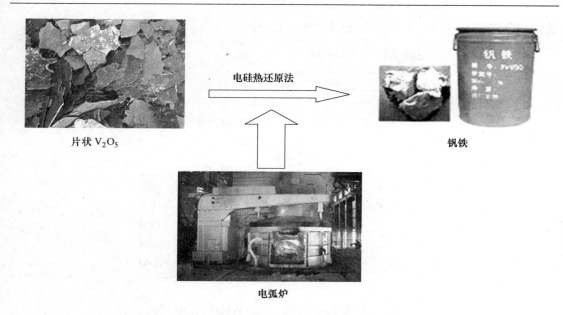

片状 V_2O_5　　　电硅热还原法　　　钒铁

电弧炉

图 5-16　硅铁法冶炼钒铁的直观表述图

化铁和小于 5% 的氧化钒还原到金属中，分离后的钒渣中，V/Fe 比由 0.20 ~ 0.25 提高到 1.0 ~ 1.5。再用 75% 的硅铁和铝还原预还原的钒渣得到含 20% ~ 26% V，10% ~ 15% Mn，2% ~ 4% Cr，14% ~ 18% Si，3% ~ 6% Ti 的合金。用预还原钒渣精炼此合金后得到钒铁合金（%）：26 ~ 34V，14 ~ 18Mn，4 ~ 6Cr。

美国专利 US34202659 提出，第一步将钒渣（含 V_2O_5 17.5% ~ 22.5%，SiO_2 16.74% ~ 17.57%）、石英、熔剂与炭在 1200kV·A 电弧炉内冶炼出钒硅合金（18.97% V，42.02% SiO_2，32.16% Fe）；第二步用氧化钒和钒渣精炼钒硅合金，降低硅得到钒铁合金。精炼可分一次精炼法和两次精炼法。

（1）一次精炼法由钒硅合金、五氧化二钒和石灰按 120:75:126 的重量比组成的炉料在电炉内精炼，得到如下成分的合金产品（%）：44.46V，34.85Fe，16.97Si，0.91Cr，0.92Ti，0.71Mn，0.23C。同时得到中间渣（含 V9.1%）。

（2）两次精炼法首先将一次精炼得到的中间渣与钒硅合金一起精炼得到中间钒硅合金（含 33.80% V，23.33% Si），再配入五氧化二钒和石灰进行二次精炼得到钒铁成分为（%）55.80V，0.78Si。钒回收率 87%。

克里斯蒂安那斯皮格尔工厂（Das Christiania Spigerverk）提出的方法是：第一阶段是 1000kg 转炉钒渣，其组成为（%）12.2V，15.8SiO_2，4TiO_2，1.1MnO，0.5Cr_2O_3，0.5CaO，37.2FeO，18.7MFe，与 700kg 石灰和 90kg 硅铁（75% Si）在电弧炉内冶炼，产得 1400kg 含 V_2O_5 的炉渣，成分为（%）8.51V，23.2SiO_2，44.5CaO，4.5MgO，5.8FeO，2.8TiO_2，0.75MnO，0.35Cr_2O_3。产钢 425kg，成分为（%）0.25V，0.3C，0.02Si。第二阶段是将炉渣浇注到包里，在搅拌的情况下慢慢加入 80kg 的富硅（含 Si 90% ~ 95%）进行还原，然后徐徐倒出，得到钒铁合金成分为（%）57.2V，32.1Fe，6.4Si，2.3Mn，1.7Cr，0.2Ti。钒回收率 79%。

奥地利特雷巴赫工厂（TCW）采用的方法，其工艺流程如图 5-17 所示。最终得到的钒铁成分（％）：45V，4.3Si，2Cr，1.1Mn，0.7C。

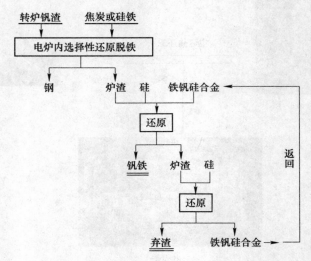

图 5-17　特雷巴赫（TCW）钒渣直接炼钒铁流程图

美国专利 US3579328 提出在普通炼钢电炉内用钒渣冶炼钒铁的方法。第一步，用 1000kg 钒渣，成分为（％）12.2V，4TiO₂，15.8SiO₂，1.1MnO，0.5Cr₂O₃，0.5CaO，37.2FeO 和 18.7MFe，与 700kg 石灰、90kg 硅铁（75％ Si）混合，熔化 1.5h 后，温度控制在 1600～1700℃，得到 1400kg 中间渣和 425kg 钢。炉渣碱度控制在 1.0～2.0 以保证有良好的流动性，要用烧过的石灰或白云石，还可加入少量的氧铝使炉渣含有 2％～10％ MgO 和 2％～20％ Al₂O₃。得到的炉渣倒入预热好的摇动的渣包内，在 18min 内向渣包内加入 90％ Si 的硅铁 83kg，还原温度约 1650℃，得到 169kg 钒铁合金，成分为（％）57.2V，32.1Fe，6.4Si，2.3Mn，1.7Cr，0.2Ti。钒回收率 79％。

美国专利 US4165234 和前西德专利 DIN2810458 介绍了在底吹转炉内钒渣直接冶炼钒铁的方法。在 10t 转炉的底部装有氧-天然气喷嘴，装入 6t 钒渣（含 11.2％ V 和 42％ Fe），用 30m³/min 的速度吹氧和 15m³/min 速度吹天然气将转炉内钒渣熔化。在吹氧最后 20min 向转炉加入 550kg 石灰，并升温至 1500℃。熔化时间 45min。熔化后的炉渣含有 9.52％ V 和 37％ Fe。然后向炉内吹入水蒸气（12m³/min）和天然气（4m³/min），同时加入 550kg 硅铁（75％ Si）与 550kg 石灰。最后加入 1150kg 铝和 550kg 石灰。吹入蒸汽加速还原。将炉渣（含 V₂O₅ 0.42％）倒出，向留在炉内的金属（含 17.6％ V 和 1％ Si）吹氧（35m³/min）和天然气（3m³/min），吹炼 20min 后得到 2.2t 炉渣（含 28％ V 和 10％ Fe）和 1.5t 钢（0.12％ V 和 0.05％ C）。将钢水放出，向炉内加入 800kg 铝块、1000kg 石灰还原炉渣，并吹入水蒸气（12m³/min）与天然气（2m³/min）搅拌，还原最高温度 1700℃，最后得到 1t 含 V43.4％的钒铁合金。

加拿大专利 860866 介绍了用真空碳还原法直接冶炼钒铁的方法，将钒渣（14.4％ V，38.5％ FeO，20.1％ SiO₂，8.1％ TiO₂，2.3％ Cr₂O₃，2.2％ MnO，1.4％ MgO，0.3％ CaO，0.05 P₂O₅）破碎到小于 0.043mm，与石油焦粉（＜0.043mm）混合压块，装入电阻真空炉内，真空压力为 0.133Pa，3h 内加热到 1480℃，加热过程压力升至 27Pa，保温 10min，停电，压力降至

8Pa。最终得到如下成分的钒铁合金（%）：24.84～26.42V，0.97～1.86C，42.15～43.15Fe，8.50～11.7Si，8.50～2.8Cr，2.9～3.0Al，0.02～0.04Mn，0.25～0.10Ca。如果要提高合金钒含量可配入五氧化二钒，可得含 V50% 以上的钒铁。

我国攀钢、锦州铁合金厂等单位也都试验过用电炉直接冶炼钒铁的工作。

【想一想　练一练】

选择题

5-2-1　钒产品应用最大的工业部门是（　　　）。
　　　　A. 有色工业　　　　B. 钢铁工业　　　　C. 核工业　　　　D. 航天工业

5-2-2　钒铁生产常用碳热法、电硅热法及（　　　）方法。
　　　　A. 高炉法　　　　　B. 矿热炉法　　　　C. 直接还原法　　　D. 铝热法和电铝热法

5-2-3　电铝热法冶炼钒铁产生的烟尘主要是（　　　）。
　　　　A. Al_2O_3 和钒低价氧化物　　　　　　B. 细小钒钛磁铁矿
　　　　C. Fe_2O_3 和钒低价氧化物

5-2-4　钒铁产品质量特性主要有化学成分、洁净度及（　　　）。
　　　　A. 杂质含量　　　　B. 粒度　　　　　　C. V 含量

5-2-5　铝热法冶炼钒铁的炉渣主要成分是（　　　）。
　　　　A. Fe_2O_3 和 CaO　　B. Al_2O_3 和 CaO　　C. Al_2O_3 和 SiO_2

5-2-6　V_2O_3 冶炼高钒铁生产过程中，石灰要分步加入的目的是（　　　）。
　　　　A. 便于造渣　　　　　　　　B. 降低石灰带入合金中的碳
　　　　C. 降低石灰带入合金中的硫

5-2-7　V_2O_3 冶炼钒铁合金中碳的主要来源是石灰、原材料 V_2O_3 和（　　　）。
　　　　A. 石墨电极　　　　B. 炉衬　　　　　　C. 铁屑

5-2-8　V_2O_3 冶炼钒铁生产过程中，铁粒要分步加入的目的是（　　　）。
　　　　A. 调整炉渣成分　　　　　　B. 降低石灰带入合金中的碳
　　　　C. 降低铁粒带入合金中的锰

填空题

5-2-9　钒铁生产常用碳热法、_____、铝热法和_____。

5-2-10　电铝热法冶炼钒铁产生的烟尘主要成分是_____和钒低价氧化物。

5-2-11　V_2O_3 冶炼钒铁合金中碳的主要来源是_____、石灰和原材料 V_2O_3。

5-2-12　铝热法冶炼钒铁的炉渣主要成分是_____和_____。

5-2-13　V_2O_3 冶炼高钒铁生产过程中，石灰分步加入的目的是降低石灰带入合金中的_____。

5-2-14　V_2O_3 冶炼钒铁合金中锰的主要来源是_____。

5-2-15　V_2O_3 冶炼钒铁生产过程中，铁粒要分步加入目的是降低铁粒带入合金中的_____。

5-2-16　钒铁生产中铁粒配入过多有可能导致钒铁品位_____标准下限。

判断题

5-2-17　固体 FeV80 密度比固体 FeV50 的密度大。（　　　）

5-2-18　V_2O_3 冶炼高钒铁时反应热不够，需补充热量，故通电加热。（　　）

5-2-19　钒铁合金中的锰主要是从原料铁粒带入的。（　　）

5-2-20　碳作还原剂生产钒铁，只能得到含碳 1%~4% 的高碳钒铁。（　　）

5-2-21　电铝热法冶炼的优点是成本低。（　　）

5-2-22　钒铁合金中的 P、S 主要是从铝粉中带入的。（　　）

5-2-23　V_2O_3 冶炼高钒铁比 V_2O_5 冶炼高钒铁成本低。（　　）

5-2-24　钒铁生产有碳热法、电硅热法、铝热法和电铝热法。（　　）

5-2-25　高钒铁生产一般采用铝热法和电铝热法。（　　）

5-2-26　钒铁生产配铝不准对钒铁生产影响表现为：配铝量过多时，将导致钒冶炼回收率下降；配铝量不足时，有可能导致钒铁 Al 超标。（　　）

简答题

5-2-27　铁粒配入过多对钒铁生产有何影响？

5-2-28　配铝不准对钒铁生产有何影响？

5-2-29　电硅热法生产钒铁有何特点？为何要在电炉内进行？

5-2-30　为什么碳热法冶炼钒铁没有得到发展？

5-2-31　铝热法冶炼有何特点，其主要化学反应式是什么？

计算题

5-2-32　已知 V_2O_5 品位为 99%，铝粒品位为 99.5%，还原 100kg V_2O_5，铝的实际消耗量是多少？设实际生产中铝粒过量取为 4%。（保留两位小数）

5-2-33　计算 1t APV 可生产 V_2O_3 多少吨？其中 APV 含水量 30%，过程损耗 2%，产品 V_2O_3 品位 64.5%。（原子量 V 51，O 16，保留三位小数）

论述题

5-2-34　成品工序反应合金饼芯部夹渣较多，且合金硬度大，破碎困难，造成以上现象的原因可能有哪些？应该如何调整工艺？

5-2-35　先将 1000kg 片钒配好料直接加入炉底，再向片钒料上铺 100kg 细粉，将炉体开入冶炼电炉下方，对齐，测试电极高度是否合适，将两罐 V_2O_3 放上加料机，准备就绪后，手动缓慢下降电极引弧，待料引燃后，迅速提升电极，待反应室内火焰减小后，快速加入 V_2O_3，加料量为 1100kg，视反应剧烈程度，适当调整加料量，停止旋转，迅速下降电极通电，通电电流（8500±500）A；通电期间，注意观察炉况，炉料堆积处必须搅拌，使炉料能充分反应，保证好的炉况，通电 12min 后，停电提升电极；同时恢复第二次加料，加料速度大于 300kg/min（两台给料机同时加料），加料量为 1200kg，加料时快速炉体旋转，加完下降电极，第二次通电，通电电流（9000±500）A，通电 12min 后停电第三次加入炉料，加料量为 1100~1300kg，然后第三次通电，通电电流（9000±500）A，通电 12min 后停电，第四次将剩余炉料加完，加料时炉体旋转，加完停止旋转炉体，下降电极，加料完毕通电 10min 后，加入精炼料，加料速度为 80~120kg/min，加铁粒时炉体点动旋转并不断搅拌，防止铁粒堆积，精炼电流（8500±500）A；加完精炼料后，搅拌熔池，熔渣流动性好时，进行喷吹作业，喷吹罐内压力为 0.38 ~ 0.42MPa，然后精炼 15min 后停电。喷吹完必须空吹 1 ~ 2 次清理喷吹管路。

以上描述的是一次冶炼过程的具体操作，根据描述回答问题：

（1）开始冶炼前，应该做好哪些方面的准备工作？

（2）上面的描述是冶炼钒铁还是高钒铁？

（3）总共的通电时间是多少，是否合理，如果不合理该如何改进？

（4）片钒加入量是否合理，会产生什么后果，如果不合理该如何改进？

（5）如果冶炼过程中发现电极把持器与电极间产生火花，这种情况是什么原因引起的，该如何处理？

（6）喷吹过程发生堵枪应该如何处理，产生堵枪的可能原因有哪些？

（7）如果冶炼过程中发现炉内翻滚严重可能是什么原因引起的，应该如何处理？

（8）加料过程如果不提升电极会有什么影响？

（9）拆炉后发现渣饼底部夹杂很多细小的金属颗粒，这些金属颗粒是什么，如何形成的，怎样改进操作避免这种现象的出现？

任务 5.3　钒铝合金的生产

【学习目标】

（1）了解钒铝合金的生产方法；

（2）了解钒铝合金的生产工艺。

【任务描述】

钒铝合金是制作钛合金、高温合金的中间合金及某些特殊合金的元素添加剂，具有很高的硬度、弹性，耐海水而且轻盈，被广泛用于航空航天领域。本任务主要介绍目前钒铝合金主要的生产方法和工艺。

5.3.1　钒铝合金的性质及应用

钒铝合金是具有银灰色金属光泽的含钒合金。随着合金中钒含量的增高，其金属光泽增强，硬度增大，氧含量提高。当其中的钒含量大于 85% 时，产品变得不易破碎，长期存放表面易产生氧化膜。

钒铝合金为中间合金，主要作为制作钛合金、高温合金的中间合金及某些特殊合金的元素添加剂，还可作为生产纯金属钒的原料。钒铝合金具有很高的硬度、弹性，耐海水，轻盈，是一种广泛用于航空航天领域的高级合金材料。

目前世界上生产钒铝合金的厂家较少。只有德国电冶金公司、美国战略矿物公司的子公司——美国钒公司、美国雷丁合金公司、俄罗斯的上萨尔达冶金生产联合公司等少数厂家实现了工业化生产。此外，我国的宝鸡有色加工厂、凌海大业铁合金厂、辽宁锦州铁合金公司、河北钢铁集团承钢公司等厂家有生产钒铝合金的技术。

目前最主要的钒铝合金产品有 Ti-6Al-4V，Ti-5Al-4V，Ti-5Mo-5V-8Cr-3Al，Ti-6Al-

6V-2Sn-0.5Cu-0.5Fe 等。其中应用最多的 Ti-6Al-4V 是用含钒 48%，54% 或 65% 的钒铝合金生产的，占世界钛合金产量的 50%。

5.3.2　钒铝合金的生产工艺

钒铝合金的生产主要是铝热还原法，即用钒氧化物与铝发生还原反应生产得到钒铝合金。其主要反应为：

$$3V_2O_5 + 16Al \longrightarrow 6VAl + 5Al_2O_3$$

铝热法生产钒铝合金的方法有两种：一种是德国电冶金公司和美国钒公司采用的两步法；一种是国内和世界其他厂家采用的一步法。

5.3.2.1　两步法

德国电冶金公司的钒铝合金生产工艺采用两步法，即首先用铝热法生产含 85% V，15% Al 的中间合金（VAl85），然后在真空感应炉熔炼出含钒和铝各 50% 的（VAl50）。其产品能满足航空、航天的要求，是用来生产航空用的 Ti6Al4V 的原料。其具体步骤为：

第一步，将三氧化二钒、五氧化二钒与铝混合，炉料中加入过量的铝，以便生产出熔点是 1827℃ 的 VAl85 合金。因反应温度高，熔炼容器要用非常纯的材料捣结制成。将得到的块状 VAl85 合金进行破碎和精整，粉碎为 30mm 的钒铝，作为下一步生产的原料。

第二步，将破碎精整为 30mm 的 VAl85 合金在真空感应炉（如图 5-18 所示）内冶炼。先将 VAl85 合金聚集到 20t，根据情况按要求补加铝，将物料均匀混合后，装入 VSG600（真空熔炼和铸造设备）的装料器进行冶炼。真空感应炉内 1550℃ 时，铝的蒸气压很高，在 2666Pa 的氩气气氛下熔炼，得到氮、氧含量较低的 VAl50 合金。

真空感应炉熔炼对防止吸收氧气和氮气，去除非金属夹杂尤其是氧化物是有效的。

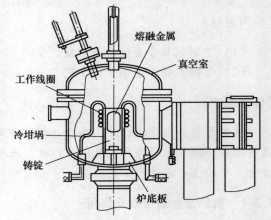

图 5-18　真空感应炉结构示意图

（图中标注：熔融金属、真空室、工作线圈、冷坩埚、铸锭、炉底板）

5.3.2.2　一步法

美国雷丁合金公司采用一步法生产钒铝合金，雷丁合金公司在水冷的铜反应器内采用悬浮熔炼法冶炼 AlV 合金。我国一步法的技术是西北有色金属研究院开发的。其他厂家的技术要更简单些，但质量更差。我国早期一步法生产的钒铝合金的质量不高，通常表面发灰、发蓝、发黄。

所谓一步法是指以五氧化二钒和铝粉为原料，加入萤石作造渣剂，在真空炉内进行铝热法还原生产得到钒铝合金。这种方法对原料要求较严格，五氧化二钒要事先在 60～80℃ 条件下进行干燥，除去水分，经过仔细混合后，装入真空炉内，冶炼方法是上部点火，用镁条点燃，在稍负压条件下冶炼。冶炼后要将得到的产品破碎到一定粒度，再经过磁选得到钒铝合金。这种合金基本能满足一般钛合金要求，但很难保证航空级的钛合金的质量要求。

　　我国某厂采用真空自燃烧法生产钒铝合金的生产流程是：将经 80℃烘箱干燥的 V_2O_5 与铝粉按比例在混料机内混匀后压制成块，置于真空反应器中的石墨坩埚内，在低真空条件下点火反应，反应完毕后冷却出炉；将得到的产品经打磨、喷砂、破碎、过筛得到符合要求的钒铝合金。所得产品的密度为 3.9 ~ 4.1g/cm³，O 含量为 0.06%，H 含量为 0.002%，N 为 0.02%，Fe 为 0.18%，Si 为 0.14%，C 为 0.03%，V 为 55.5%~56.5%。

　　河北承钢创新铝热法生产钒铝合金工艺，采用三氧化二钒代替五氧化二钒做原料，用电弧炉冶炼，通过分期投料，控制冶炼过程，大大提高了铝热法钒铝合金的质量，生产得到满足德国原材料标准的中间产品 85 钒铝。承钢的电铝热法钒铝合金生产技术能节约 30% 的还原剂（金属铝）；因由电弧引发，不需引发剂、补热剂；杜绝常规炉外铝热法出现的冶炼喷溅；并通过喷铝粉贫渣实现钒冶炼收率达到 96% 以上。目前已能用铝热法冶炼出航空、航天终端用的 55 钒铝。

5.3.3　钒铝合金的质量评价标准

　　钒铝合金的质量标准主要以其中的含钒量、含铝量及其他杂质的含量来进行评定。表 5-23 是德国和美国的钒铝合金国家标准。

表 5-23　德国和美国的钒铝合金国家标准　　　　　　（%）

厂　家	编　号	V	C	Si	Al
德国 GFE 工业标准 DIN1756	V80Al	85	0.10	1.00	15
	V40Al	40	0.10	1.00	60
	V40Al60	40 ~ 45	0.10	0.30	55 ~ 60
	V80Al20	75 ~ 85	0.05	0.40	15 ~ 20
美国战略矿物公司	65% VAl	60 ~ 65	—	—	34 ~ 29
	85% VAl	82 ~ 85	—	—	13 ~ 16

　　我国根据按含钒及其杂质含量的不同，将钒铝合金分为四个牌号，见表 5-24。

表 5-24　我国钒铝合金的粒度和成分要求

牌　号	粒度范围 /mm	化学成分/%					Al
		V	Fe	Si	C	O	
			≤				
AlV55	3.0 ~ 50.0	50.0 ~ 60.0	0.35	0.30	0.15	0.20	余量
AlV65	1.0 ~ 100.0	>60.0 ~ 70.0	0.30	0.30	0.20	0.20	余量
AlV75	1.0 ~ 100.0	>70.0 ~ 80.0	0.30	0.30	0.20	—	余量
AlV85	1.0 ~ 100.0	>80.0 ~ 90.0	0.30	0.30	0.30	—	余量

【想一想　练一练】

简答题

5-3-1　简述两步法钒铝合金的生产过程。

5-3-2　简述钒铝合金的应用。

任务 5.4　碳化钒的生产

【学习目标】

(1) 了解碳化钒的生产原理;

(2) 熟悉碳化钒的生产方法。

【任务描述】

碳化钒是一种重要的合金添加剂,在钢铁和硬质合金中得到了广泛的应用。此外,碳化钒还是生产氮化钒的中间产品。本任务主要介绍碳化钒生产原理和生产方法。

5.4.1　碳化钒的性质及应用

钒与碳生成 VC 和 V_2C 两种化合物。VC 是具有面心立方结构的黑色晶体,其密度为 5.649g/cm³,熔点为 2830～2648℃,硬度比石英略硬。V_2C 是具有密排六方结构的暗黑色晶体,其密度为 5.665g/cm³,熔点为 2200℃。碳化钒主要用于制造钒钢,可用作碳化物硬质合金添加剂。此外,碳化钒是金属钒的生产原料。

据资料报道,在冶炼高强度低合金钢种时,添加碳化钒能提高钢的耐磨性、耐蚀性、韧性、强度、延展性、硬度以及抗疲劳性等综合性能,并使钢具有较强的可焊接性能,而且能起到消除夹杂物等作用。此外,在硬质合金生产中添加碳化钒可抑制烧结过程中晶粒的长大;添加 VC 还可使硬质合金寿命提高 20%。超细 VC 对超细硬质合金的研制具有重要意义。

5.4.2　碳化钒的生产原理

目前,制取碳化钒主要是用碳热还原钒的氧化物(如三氧化二钒),现以碳热还原三氧化二钒为例来分析碳化钒生产的原理。主要反应为:

$$V_2O_3 + 5C \longrightarrow 2VC + 3CO \quad \Delta G^{\ominus} = 655500 - 475.68T \tag{5-35}$$

根据热力学原理,$\Delta G_1 = 655500 - 475.68T + 57.4281T \lg \dfrac{p_{CO}}{p^{\ominus}}$,可见降低 p_{CO} 即提高真空度,有利于反应的进行。

$$V_2O_3 + 4C \longrightarrow 2V_2C + 3CO \quad \Delta G^{\ominus} = 713300 - 491.49T \tag{5-36}$$

根据热力学原理,$\Delta G_2 = 713300 - 491.49T + 57.4281T \lg \dfrac{p_{CO}}{p^{\ominus}}$,同样降低 p_{CO} 即提高真空度,有利于反应的进行。

因此,在碳化钒的生产中采用真空碳化有利于生产的进行。

5.4.3　碳化钒的生产方法

美国联合碳化物公司早在 20 世纪 60 年代就开始生产碳化钒,此外,南非的瓦米特克(Vametco)矿物公司、株洲三立硬质合金新材料有限公司(产品质量见表 5-25)、奥地利的特雷巴赫等少数厂家有碳化钒的生产。主要以五氧化二钒为原料通过直接碳化法，即五氧化二钒和炭黑混合，低温转化后还原碳化制得 VC 粉末。

表 5-25　株洲三立硬质合金新材料有限公司碳化钒产品质量

牌　号	产品技术指标		
	粒度/μm	总碳/%	游离碳/%
VC-1	2.0～10	≥17.7	≤1.0

杂质元素/%							
O	N	Fe	Ca	Si	Ti	W	Na
≤1.00	≤0.10	≤0.05	≤0.03	≤0.05	≤0.01	≤0.10	≤0.02

瓦米特克（Vametco）矿物公司生产碳化钒的工艺流程为：先用天然气于 600℃ 下在回转窑内将 V_2O_5 还原为 V_2O_4；然后在另一窑内用天然气将 V_2O_4 于 1000℃ 下还原为 VC_xO_y 化合物；再配加焦炭或石墨，压块；在真空炉内加热至 1000℃ 得到碳化钒。其化学成分见表 5-26。

表 5-26　瓦米特克矿物公司碳化钒产品的化学成分　　　　（%）

名　称	V	C	Al	Si	P	S	Mn
碳化钒	82～86	10.5～14.5	<0.1	<0.1	<0.05	<0.1	<0.05

除上述瓦米特克矿物公司的生产方法外，国内外碳化钒的制取方法还有以下几种：

（1）以 V_2O_3 及铁粉和铁磷为原料，还原剂为炭粉，采用高温真空法生产碳化钒，通入氩气或在真空炉内冷却；

（2）将 V_2O_5 在回转窑内碳化生成 VC_xO_y，再采用高温真空法生产碳化钒，通惰性气体冷却；

（3）用 V_2O_3 或 V_2O_5 为原料，炭黑为还原剂，在坩埚（或小回转窑）内，通氩气或其他惰性气体，高温下制取碳化钒；

（4）用碳（木炭、煤焦或电极）高温还原 V_2O_5 制取碳化钒；

（5）在氮等离子流中用丙烷还原 V_2O_3 的方法制得碳化钒。

此外，北京科技大学曾研究用 V_2O_5 和活性炭在高温真空钼丝炉内制备碳化钒；锦州铁合金厂也曾采用真空法试制碳化钒；攀钢以多钒酸铵和炭粉为原料，在自制的竖炉内研制过碳化钒。

目前国外所用的 VC 粉末粒度一般为 1～2μm，国内使用的 VC 粉末粒径均大于 2μm。超细 VC 粉末是今后研究和发展的方向。

【想一想　练一练】

论述题

5-4-1　请查阅资料阐述碳化钒的制备及应用的发展趋势。

计算题

5-4-2　试计算 $V_2O_3 + 5C \rightarrow 2VC + 3CO$，$\Delta G^\ominus = 655500 - 475.68T$ 的开始还原温度，并分析 p_{CO} 如何影响反应的进行。

5-4-3　试计算 $V_2O_3 + 4C \longrightarrow 2V_2C + 3CO$, $\Delta G^\ominus = 713300 - 491.49T$ 的开始还原温度，并分析 p_{CO} 如何影响反应的进行。

任务 5.5　氮化钒的生产

【学习目标】

（1）了解氮化钒的制备原理；
（2）掌握氮化钒的生产方法。

【任务描述】

氮化钒是一种新型合金添加剂，添加于钢中能提高钢的强度、韧性、延展性及抗热疲劳性等综合机械性能，并使钢具有良好的可焊性，可替代钒铁用于微合金化钢的生产。在达到相同强度下，添加氮化钒可节约 30%~40% 的钒的加入量，进而降低成本。本任务主要介绍氮化钒的制备原理及生产方法。

5.5.1　氮化钒的性质及应用

氮化钒是一种含钒和氮的复合合金，又称钒氮合金，是一种优良的合金添加剂。钒氮合金在钢中沉淀硬化和晶粒细化的作用，提高和改善钢的强度、耐磨性、耐腐性、韧性和延展性、可焊性等各种性能，又不影响钢的塑韧性，同时提高钒的使用效率，使钢材生产企业节约 20%~40% 的钒消耗，钢材用户节约 10%~15% 的钢材用量。氮化钒广泛应用于结构钢、工具钢、管道钢、钢筋及铸铁中。与使用钒铁相比具有以下优点：

（1）能更有效地强化和细化晶粒；
（2）相同强度条件下可节约 30%~40% 的钒资源，降低成本；
（3）钒、氮收得率稳定，减少钢的性能波动；
（4）生产过程"三废"排放少；
（5）粒度均匀，便于包装，使用方便，损耗少。

氮化钒是渗氮钢中常见的氮化物，它有两种晶体结构：一是 V_3N，六方晶体结构，硬度极高，显微硬度约为 1900HV，熔点不可测；二是 VN，灰紫色粉末，面心立方晶体结构，显微硬度约为 1520HV，密度为 5.63g/cm³，熔点为 2050℃。V-N 系中研究最多的化合物为稳定的 VN（21.55%N）。钒钢经过氮化处理后可以极大地提高钢的耐磨性能。采用钒氮合金作为钢的合金添加剂，可改善含钒微合金钢的组织，提高钢的强度。

5.5.2　氮化钒的制备原理

目前大多氮化钒的生产和制备是以 V_2O_3 为原料进行渗氮。首先 V_2O_3 跟 C 生成 VC，VC 再和 N_2 反应生成 VN。碳化的主要反应见式（5-35）和式（5-36），氮化的主要反应为：

$$VC + 0.5N_2 \longrightarrow VN + C \quad \Delta G^\ominus = -1254 + 72.85T \tag{5-37}$$

根据热力学原理，$\Delta G_1 = -1254 + 72.85T + 9.5715T \lg \dfrac{p^{\ominus}}{p_{N_2}}$，可见提高 p_{N_2} 有利于反应的进行。实际上，用碳热还原很难得到纯 VN，往往得到 V（C，N）。

$$V_2C + 0.5N_2 \longrightarrow VN + VC \quad \Delta G^{\ominus} = -170340 + 88.663T \qquad (5-38)$$

根据热力学原理，$\Delta G_2 = -170340 + 88.663T + 9.5715T \lg \dfrac{p^{\ominus}}{p_{N_2}}$，同样提高 p_{N_2} 有利于反应的进行。

$$V + 0.5N_2 \longrightarrow VN \quad \Delta G^{\ominus} = -214640 + 82.43T \qquad (5-39)$$

根据热力学原理，$\Delta G_3 = -214640 + 82.43T + 9.5715T \lg \dfrac{p^{\ominus}}{p_{N_2}}$，同样提高 p_{N_2} 有利于反应的进行，实验表明温度越高反应越难进行。

V 或 V_2C 比较容易渗氮，并且氮压越高越容易。

5.5.3　氮化钒的生产工艺

氮化钒一度只有美国战略矿物公司在南非的 Vametco 矿物公司一家生产；后来德国、俄罗斯等开始研究氮化钒的制备。我国氮化钒的研究起步较晚，20 世纪末至今发展较快。目前国内已工业化生产氮化钒的厂家有攀钢（推板窑法）、承钢（竖炉法、微波法）、吉林铁合金厂（真空碳还原法）等。在制取氮化钒的研究中，大多采用 V_2O_3 为原料。

5.5.3.1　Vametco 矿物公司生产氮化钒的方法

美国战略矿物公司在南非的 Vametco 矿物公司采用高温真空非连续生产工艺，以 V_2O_3 和炭粉为原料，图 5-19 所示为其工艺流程。

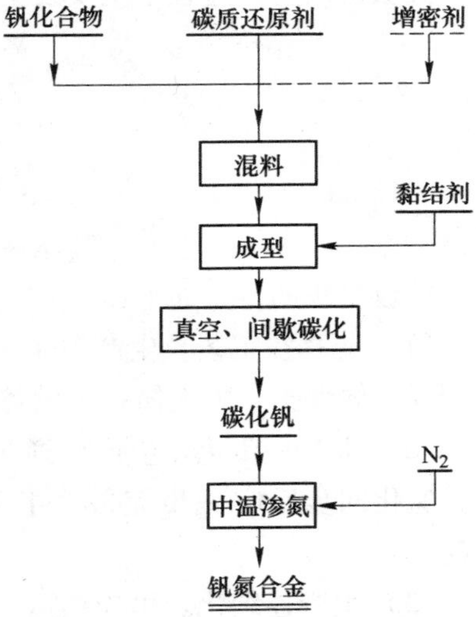

（1）将 V_2O_3、碳与黏结剂混合制团。

（2）在真空炉内发生反应：$V_2O_3 + CO \rightarrow VC_x$（$x < 1$）。

图 5-19　Vametco 公司的工艺流程图

（3）通入氮气，在真空或惰性气氛下冷却，得到 "Nitrovan"，即碳氮化钒。其化学式可表示为 $V(C_xN_y)$，其中 $x + y = 1$。其化学成分见表 5-27。

表 5-27　Vametco 公司 Nitrovan 产品的化学成分　　　　（%）

合　金	V	N	C	Si	Al	Mn	Cr	Ni	P	S
Nitrovan7	80	7	12.0	0.15	0.15	0.01	0.03	0.01	0.01	0.10
Nitrovan12	79	12	7.0	0.07	0.10	0.01	0.03	0.01	0.02	0.20
Nitrovan16	79	16	3.5	0.07	0.10	0.01	0.03	0.01	0.02	0.20

其中，Nitrovan12 是煤球状暗灰色金属，标准尺寸为 33mm×28mm×23mm，表观密度为 3.71g/cm³，堆积密度为 2.00g/cm³，比重约为 4.0。

Vametco 公司氮化钒生产工艺的特点：高真空、非连续生产、碳化和氮化分步进行。这些特点使得该工艺具有操作易于控制，可以确保反应彻底进行和有效提高产物质量等优点，同时使得该工艺具有要求设备复杂，非连续致使劳动生产率低、能耗高和生产周期长等缺点。

5.5.3.2　推板窑法

攀钢的推板窑法是以三氧化二钒和碳粉为原料在高温常压条件下在推板窑中进行连续生产，得到氮化钒产品。这种方法是将 V_2O_3、碳粉与黏结剂混合，在推板窑内加热、通入氮气渗氮，制得氮化钒。图 5-20 所示为推板窑法生产氮化钒工艺的流程图。

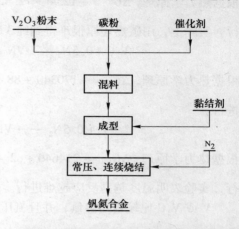

图 5-20　推板窑法生产氮化钒工艺流程图

推板窑法生产过程中主要发生的反应包括：

$$V_2O_3 + 5C \Longrightarrow 2VC + 3CO$$
$$V_2O_3 + 4C \Longrightarrow V_2C + 3CO$$
$$V + 0.5N_2 \Longrightarrow VN$$
$$V_2C + 0.5N_2 \Longrightarrow VN + VC$$
$$V_2O_3 + 3C + N_2 \Longrightarrow 2VN + 3CO$$

推板窑法的特点如下：

（1）非真空工艺。生产中通入 N_2 既可实现低 p_{CO}，又能作为反应原料，还对反应设施进行了气体保护，大大简化了设备，降低了投资，更为连续作业创造了条件。

（2）生产一步化。生产中通过控制原料配比、反应不同阶段温度场和气氛，实现碳化、氮化同步反应一步完成，工艺流程简单，运行周期短，大大提高了效率，降低了能耗。

（3）生产连续化。可连续运行，能耗低，生产效率高。

推板窑法生产氮化钒具有性能稳定、生产规模较大的优点，但同时也具有以下缺点：

（1）保温不便，炉膛利用率低，传热慢，因此能耗大；

（2）推板及坩埚需要及时更换，如在炉膛内部损坏，则清理麻烦，可能只有拆窑，而拆窑并恢复时间长；

（3）加热炉气密性需要改进，以降低气耗；

（4）设备占地面积大。

5.5.3.3　竖炉氮化法

竖炉法中以承钢的竖式炉中频加热连续氮化制备氮化钒产业化技术最为先进，是采用三氧化二钒和碳粉为原料在高温常压下生产氮化钒的工艺。这种竖窑氮化可实现单炉日产 700kg，电耗约 4300kW·h/t，氮气消耗小于 2400m³/t，耐材消耗是推板窑的 40%，且无加热件及匣钵消耗，综合优势明显。其工艺流程如图 5-21 所示。

竖炉氮化法占地小，热效率高，电耗低，生产规模大，炉膛利用率高，且设备维护费时短。

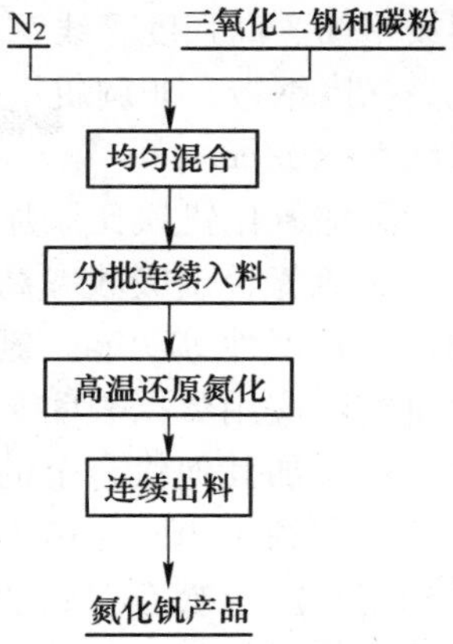

5.5.3.4　其他方法

国内外工业化制取氮化钒的方法还有以下几种：

（1）以 V_2O_3 或偏钒酸铵原料，还原气体为 H_2、N_2 和天然气的混合气体或 N_2 与天然气，NH_3 与天然气，纯 NH_3 气体或含 20%（体积分数）CO 的混合气体等，在流动床或回转管中高温还原制取氮化钒，物料可连续进出。

（2）将 V_2O_3、铁粉和碳粉在真空炉内得到碳化钒后，通入氮气渗氮，并在氮气中冷却，得到氮化钒。

（3）以钒酸铵或氧化钒原料，与炭黑混合，用微波炉加热含氮或氨气氛下高温处理，制得氮化钒。微波加热的热效率高，且设备占地小，但同时也具有产品中残留较多的氧、生产规模较小等缺点。

（4）上海大学丁伟中等人曾研究用流态化床法生产氮化钒的工艺。以 V_2O_3 或偏钒酸铵为原料，以氨、氢、氮的混合气体为反应气体，通过射频感应在流态化床反应区内将反应气体氨、氮和氢气体激发电离而生成活性氢和氮粒子而产生等离子体，并使该活性粒子与悬浮在流态化区的氧化钒颗粒发生还原和氮化反应而生成氮化钒。该生产工艺射频电源的射频范围为 $3 \sim 13.45\,MHz$，氨的浓度范围为 60%~100%。

（5）2008 年刘先松和刘知之在专利 CN101225495 中披露，将粉末状的氧化钒或偏钒酸铵、碳粉和黏结剂混合均匀后压块、成型，在氮气气氛下连续加入外热式回转窑，在氮气保护下预烧到 1000℃ 以下，并在氮气保护下冷却到室温，在出料口收集块状产品。将预烧产品推入软磁氮气氛炉窑中，加热到 $1000 \sim 1500℃$，物料发生碳化和氮化反应，出炉后得到氮化钒产品。这种方法可获得表观密度大于 $3.5\,g/cm^3$，V 含量为 78%~83%，氮含量为 16%~21%，C 含量低于 6%，Si，P，Al 的含量小于 0.10% 的氮化钒产品。

图 5-21　竖炉氮化钒生产
工艺流程图

5.5.4　氮化钒的质量评价标准

氮化钒的质量标准主要以其中的含钒量、氮含量及其他杂质的含量来进行评定。《钒氮合金》（GB/T 20567—2006）中氮化钒的化学成分见表5-28。

表 5-28　《钒氮合金》（GB/T 20567—2006）中氮化钒的化学成分

牌号	表观密度/g·cm⁻³	粒度/mm	化学成分（质量分数）/%				
			V	N	C	P	S
VN12	≥3.0	10~40	77~81	10.0~14.0	≤10.0	≤0.06	≤0.10
VN16				14.0~18.0	≤6.0		

【知识拓展 5.2】　氮化钒铁

氮化钒铁是一种新型钒氮合金添加剂，性能优于钒铁和氮化钒，可广泛应用于高强度螺纹钢筋、高强度管线钢、高强度型钢（H 型钢、工字钢、槽钢、角钢）、薄板坯连铸连轧高强度钢带、非调质钢、高速工具钢等产品。氮化钒铁是致密块状，尺寸 30 ~ 50mm，密度 5 ~ 6g/cm³。

　　添加氮化钒铁比添加氮化钒具有更高的吸收率，氮化钒铁的回收率可达 95% 以上，平均比钒氮合金吸收率高 3% ~ 5%，性能更加稳定，具有更高的细化晶粒和提升强度、韧性、延展性等功能。氮化钒铁的 V/N 为 4.0 左右，是比较理想的钒氮合金添加剂。大量实际应用数据表明，在达到相同强度、韧性、延展性及抗热疲劳性等综合力学性能下，比添加其他钒合金的力学性能波动值小、力学性能最小值高，添加氮化钒铁比加其他钒铁节约钒 30% ~ 40%，比加钒氮合金节约钒 10% 以上，从而降低了钢材成本，因此受到用户广泛欢迎。添加氮化钒铁在冶炼、连铸、轧制工艺上与普碳钢基本相同，操作简单，易于控制，并可消除钢材的应变时效现象。表 5-29 所列为某厂氮化钒铁的化学成分。

表 5-29　某厂氮化钒铁的化学成分（质量分数）　　　　　　　　（%）

牌　号	V	N	C	Si	P	S	Al	Mn
			≤					
FeV45N10	42.0 ~ 47.0	9.0 ~ 12.0	0.60	2.5	0.10	0.05	1.8	—
FeV55N11	52.0 ~ 57.0	10.0 ~ 13.0	0.60	2.5	0.10	0.05	1.8	—
FeV65N14	67.0 ~ 72.0	12.0 ~ 15.0	0.60	1.5	0.10	0.05	1.8	0.50

【想一想　练一练】

论述题

5-5-1　请查阅资料并阐述氮化钒的制备方法。

参 考 文 献

［1］ 杨绍利. 钒钛材料［M］. 北京：冶金工业出版社，2009.

［2］ 黄道鑫. 提钒炼钢［M］. 北京：冶金工业出版社，2000.

［3］ 陈厚生. 中国钒工业的创建和发展［J］. 钒钛，1992（6）：25～28.

［4］ 洪及鄙，等. 攀钢钢铁钒钛生产工艺［M］. 北京：冶金工业出版社，2007.

［5］ 傅崇说. 有色冶金原理［M］. 2版. 北京：冶金工业出版社，1993.

［6］ ［苏］泽里克曼 A H，等. 稀有金属冶金学［M］. 宋晨光等译. 北京：冶金工业出版社，1982.

［7］ 赵俊学，张丹力，马杰，等. 冶金原理［M］. 西安：西北工业大学出版社，2002.

［8］ 廖世明，柏谈论. 国外钒冶金［M］. 北京：冶金工业出版社，1985.

［9］ 闫旭，等. 湿法冶金新工艺新技术及设备选型应用手册［M］. 北京：冶金工业出版社，2006.

［10］ 潘树范. 国内外氧气顶吹转炉提钒现状及对攀钢转炉提钒有关问题的探讨［J］. 钢铁钒钛，1995，16（1）：6～16.

［11］ 傅金明，杜建良，孙福振，商海民. 顶底复合吹炼提钒试验研究［J］. 钢铁钒钛，1994（2）：4～18.

［12］ 程亮. 五氧化二钒生产工艺的进展［J］. 甘肃冶金，2007（4）.

［13］ 杨素波，罗泽中，文永才，等. 含钒转炉钢渣中钒的提取与回收［J］. 钢铁，2005（4）.

［14］ 王金超，曾志勇，李瑰生，等. 沉钒后 APV 损失原因及对策［J］. 钢铁钒钛，1999，20（2）：43～46.

［15］ 杨振声，胡恒敏. 钒钛磁铁矿球团氧化焙烧的物相变化与提钒［J］. 烧结球团，1985（1）：31～35.

［16］ 梁坚. 钒钛磁铁矿提钒的氧化焙烧过程的探讨［J］. 化工技术与开发，1975（4）：46～56.

［17］ 金丹. 钒渣焙烧-浸出过程的实验研究［D］. 沈阳：东北大学，2010：1～15.

［18］ 王金超，陈厚生，李瑰生，等. 攀钢转炉钒渣生产 V_2O_5 工艺研究［J］. 钢铁钒钛，1998（4）.

［19］ 彭毅. 提高五氧化二钒车间多钒酸铵回收率［J］. 钢铁钒钛，1995，16（3）：69～72.

［20］ 王金超，陈厚生. 多钒酸铵沉淀条件的研究［J］. 钢铁钒钛，1993，14（2）：28～32.

［21］ 李国良，等. 六聚钒酸铵的溶解性［J］. 钢铁钒钛，1982，3（4）：78～82.

［22］ Вилупк，等. V_2O_5 在水溶液中的行为［J］. 钒钛，1986（6）：11～15.

［23］ 姚建培，等. 季铵盐萃取剂 N-236 从高碱高硅含钒溶液中提取高纯 V_2O_5［J］. 钢铁钒钛，1982，3（3）：11～21.

［24］ 陈厚生. 钒渣石灰焙烧法提取 V_2O_5 工艺研究［J］. 钢铁钒钛，1992，13（6）：1～9.

［25］ 付自碧. 钒渣钙化焙烧-酸浸提钒试验研究［J］. 钢铁钒钛，2014，35（1）：1～6.

［26］ 李静，李朝建，吴学文，等. 石煤提钒焙烧工艺及机理探讨［J］. 湖南有色金属，2007，23（6）：7～10.

［27］ 曹鹏. 钒渣钙化焙烧试验研究［J］. 钢铁钒钛，2012，33（1）：30～34.

［28］ 杨静翎，金鑫. 酸浸法提钒新工艺的研究［J］. 北京化工大学学报（自然科学版），2007（3）.

［29］ 张萍，蒋馥华，何其荣. 低品位钒矿钙化焙烧提钒的可行性［J］. 钢铁钒钛，1993（2）.

［30］ 傅立，苏鹏. 复合焙烧添加剂从石煤中提取钒的研究［J］. 广西民族学院学报（自然科学版），2006（2）.

［31］ 陈厚生，等. 三氧化钒的生产方法：中国，94111901.7［P］. 1994-09-15.

［32］ 崔敬忠，达道安. VO_2 热致变色薄膜的结构与光电性能研究［J］. 中国空间科学技术，1998，18（2）48～51.

［33］ Masaharu Fukuma，Sakea Zembutsu，Shintaro Miyazawa. Preparation of VO_2 thin films and its direct optical bit recording characteristics［J］. Applied Optics. 1983，22（2）：265～268.

［34］ Stefanovich G，Pergament A，Stefanovich D. Electrical switching and Mott transition in VO_2. J. Phys. Condens. Matter. 2000，12：8837～8845.

[35] 黄维刚，林华，等. 纳米 VO_2 粉体的制备及性能和应用 [J]. 表面技术，2004，33 (1)：67～69.

[36] 梁连科. 金属钒 (V)、碳化钒 (VC) 和氮化钒 (VN) 制备过程的热力学分析 [J]. 钢铁钒钛，1999，20 (3)：43～46.

[37] 王永刚. V_2O_5 和 V_2O_3 生产钒铁工艺探讨 [J]. 铁合金，2002，164 (3)：9～13.

[38] 向丽. 钒铁冶炼工艺技术的发展及比较 [C]//第二届钒产业先进技术交流会论文集，2013 (8)：199～201.

[39] 王永刚. V_2O_3 冶炼高钒铁工艺参数对指标的影响 [J]. 铁合金，2002，167 (6)：5～7.

[40] 殷志双. 影响铝热法 FeV80 合金铝含量的因素浅探 [J]. 铁合金，1998 (5)：11.

[41] 朱胜友. 电铝热法冶炼高钒铁的研究 [J]. 钢铁钒钛，1993，14 (1)：37.

[42] 宋宝平，等. 铝热还原生产钒铁合金的工艺优化 [J]. 稀有金属，2006，12 (30)：114～116.

[43] 黄中省，陈为亮，等. 氮化钒的研究进展 [J]. 铁合金，2008，200 (3)：20～24.

[44] 刘先松，刘知之. 钒氮合金的生产方法：中国，101225495 [P]. 2008-07-23.

[45] 孙朝晖，周家琮，杨仰军. 攀钢氮化钒技术的发展及市场前景 [J]. 钢铁钒钛，2001，22 (4)：57～58.

[46] 攀钢集团有限公司，冶金工业信息标准研究院. YB/T 5304—2011 五氧化二钒 [S]. 北京：冶金工业出版社，2011.

[47] 攀枝花钢铁（集团）公司，攀枝花新钢钒股份有限公司，冶金工业信息标准研究院. YB/T 008—2006 钒渣 [S]. 北京：冶金工业出版社，2006.

[48] 郸城财鑫特种金属有限责任公司，苏州博恒浩科技有限公司，冶金工业信息标准研究院. YBT 4247—2011 低磷钒铁 [S]. 北京：冶金工业出版社，2011.

[49] 吉林炭素集团有限责任公司，冶金工业信息标准研究院，石家庄华南炭素厂，等. YB/T 4089—2000 高功率石墨电极 [S]. 北京：中国标准出版社，2000.